The ADHD Workbook for Kids

Helping Children Gain Self-Confidence, Social Skills & Self-Control

美国儿童注意力训练手册

帮助孩子摆脱分心、多动、注意力问题的心理课

[美] 劳伦斯 · E . 夏皮罗（Lawrence E.Shapiro）◎

郭 笑◎译

北京科学技术出版社

图书在版编目（CIP）数据

美国儿童注意力训练手册 /（美）劳伦斯 · E. 夏皮罗著；郭笑译 . -- 北京：北京科学技术出版社，2024.1（2024.8 重印）
书名原文 : The ADHD Workbook for Kids
ISBN 978-7-5714-3426-7

Ⅰ . ①美… Ⅱ . ①劳… ②郭… Ⅲ . ①儿童—注意—能力培养—手册 Ⅳ . ① B842.3-62

中国国家版本馆 CIP 数据核字（2023）第 231866 号

策划编辑： 孙晓敏　金秋玥
责任编辑： 路　杨
责任校对： 贾　荣
图文制作： 博越创想
责任印制： 吕　越
出 版 人： 曾庆宇
出版发行： 北京科学技术出版社
社　　址： 北京西直门南大街 16 号
邮政编码： 100035
电话传真： 0086-10-66135495（总编室）　0086-10-66113227（发行部）
网　　址： www.bkydw.cn
印　　刷： 三河市华骏印务包装有限公司
开　　本： 710 mm × 1000 mm　1/16
字　　数： 150 千字
印　　张： 11.25
版　　次： 2024 年 1 月第 1 版
印　　次： 2024 年 8 月第 2 次印刷
ISBN 978-7-5714-3426-7

定　　价： 59.80 元

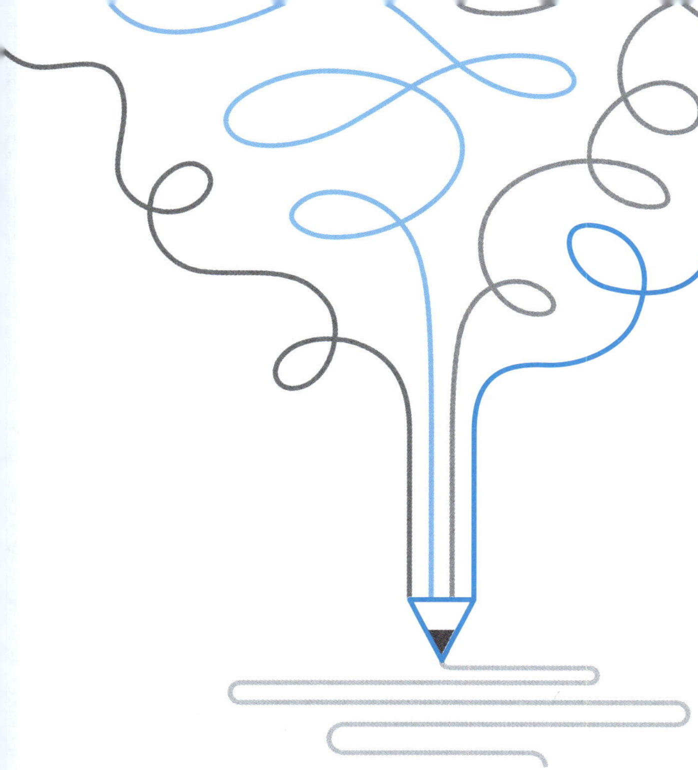

推荐序
恰青春年少

我是一名心理科学工作者，主要从事家庭与儿童和青少年身心健康发展的研究与咨询工作，每年会接触大量儿童和青少年的案例。今年三月初，北京科学技术出版社的编辑找到我让我给这套书写一篇推荐序，简单了解主题后，我欣然应允。通读了出版社发来的样稿，不禁赞叹这一套书真的非常棒，实操性非常强，很具有指导意义，让我受益匪浅。

简单来看，这套书共四本，关注的主题分别是欺负、社交、注意力和情绪管理。但仔细一品，四个主题之间有着密切的内在联系：我们太需要社交了，青少年更是如此；但社交并不总是愉悦的，常发生被排挤或欺负的现象，这些经历让我们难过；如何在社会交往中如鱼得水，情绪管理正是其中一种重要的能力，而这背后的核心恰恰是来自专注的力量。

成为一名合格的社会人

幸福是什么？你可能会说幸福就是拥有金钱、权力、地位、亲情、友情或是爱情。每个人可能有属于自己当下的回答。2015年，美国哈佛大学成人发展研究项目主任罗伯特·瓦尔丁格在他的 TED 演讲“What makes a good life？”（如何成就好的一生？）中为我们提供了一个普适性的答案：Good relationships keep us happier and healthier（好的关系让我们更加健康和幸福）。好的关系并不仅限于家庭内的关系，特别是随着孩子长大，好的关系越来越强调家庭以外的社会关系。

你可能有过如此的经历：你和另外两个伙伴在一块儿聊天，聊着聊着，他俩聊起了彼此感兴趣但你不熟悉的话题，此时此刻，你可能会产生一种强烈的被排斥感或类似心痛的感觉。这种现象在心理学中被称为“social exclusion（社会排斥）”，引发的不悦感被称为“social pain（社会疼痛）”。之所以称之为“疼痛”，是因为我们人类的人脑为了能高效工作，使用同一片大脑区域来管理社会疼痛和生理疼痛的反应。

社会排斥仅仅是社会交往中一种很常见的现象，如何避免和应对是我们需要掌握的一项技能。此外，倾听、分享、尊重、赞美、原谅、讲究礼仪以及学会拒绝等，都是社会交往过程中需要掌握的诸多技能。这套书给出了丰富的、具体的实操建议，帮助你从容地应对社交，成为一名合格的社会人。

向欺负行为说“不！”

当然，我们的社会交往体验经常是不那么顺心如意的，例如被别人欺负的时候。

每当在互联网上看到校园霸凌的新闻，我心里很不是滋味，特别是在成为母亲之后。

除了霸凌，其他诸如排挤、起绰号、嘲笑等也属于欺负行为。有些孩子之所以欺负他人是因为自己曾经遭受欺负，而有些孩子可能是因为自己的一些特点而经常被欺负。我最近在做一些关于校园霸凌的资料整理工作，回想起自己念初中时也见识过同学之间的各种欺负行为，我发现校园确实是青少年霸凌的“重灾区”。互联网时代，网络欺凌或网络暴力也同样可怕。事实上，在家庭中，来自兄弟姐妹的欺负也经常发生，而且对孩子身心健康造成的影响似乎不亚于同龄人的欺凌。成年人的职场世界同样如此，电影《大赢家》就巧妙地呈现了这一现象。

于你我而言，如何向欺负行为说“不！”，如何让自己不去欺负他人和不被他人欺负，如何即便被欺负了也能保持积极乐观，这些都是关键。正恰青春年少，我想，这套书会帮你找到答案。

情绪管理“修炼术”

社会人还有一个突出特点就是情绪丰富。论及情绪，你可能好像很清楚，但细想好像又不知道它到底是什么。看到同学受到老师的表扬，你可能为他高兴，可能会羡慕他，但也可能会嫉妒他，这些都是你情绪的体现。2017年，美国加利福尼亚大学伯克利分校的研究团队发表了一项研究，指出人类至少有27种社会情绪。科学家们还指出，人类所有的社会情绪都是由最基本的6种原始情绪发展而来的，它们分别是喜、惊、悲、厌、怒、恐。你不妨观看一下2015年的美国动画电影《头脑特工队》，会帮助你理解人类的情绪。

单拿“怒”（愤怒、生气）来说一下，这种基本情绪对我们社会交往的破坏力最强。试想，你和朋友的哪一次吵架不是因为愤怒？有些人很容易发怒，生气起来脸憋得通红，会呼吸加速，甚至可能会攻击他人。有些人则可能会选择攻击自己——是的，你不用惊讶，人的情绪表现和长相一样，千差万别。

愤怒的破坏力那么强，我们每个人都有必要学习管理好自己的愤怒情绪。心理科学研究表明，情绪管理的能力其实和语文或数学的能力一样，也是可以通过练习得以提升的。正恰青春年少，我想，这套书能助你成为情绪的主人。

专注的力量

在今天这个信息时代，注意力是一个人的毕生财富。可是，从近些年接触或听闻的关于注意缺陷多动障碍（俗称多动症）儿童的案例来看，似乎存在注意力问题的儿童越来越多。有些人将其原因归结为电视、电脑、手机等的应用；有些人归结为是家庭规模和家庭生活方式转变的结果；当然，也有人归结为是父母因为工作忙而无暇照顾孩子的结果。无论如何，至少有一点可以肯定的是，多动症的症状不会随着孩子长大自然而然地消失，反而会让孩子在人际关系、学业表现、心理健康等方面不断遇到挑战，甚至还可能影响下一代。

多动和多动症还是有区别的，多动的孩子不一定患有多动症。是否达到多动症的临床诊断标准，这个需要交给专业的医疗机构去判断。不过，多动是可以改善的，注意力是可以训练的。再次强调，注意力以及情绪管理能力其实都是我们大脑功能的表现。大脑在某种程度上和我们的肌肉很类似，越练越发达，遵循“用进废退”原则。所以，选用科学的方法对孩子进行引导训练对提升孩子的注意力特别有意义。恰青春年少，我想，书中介绍的方法绝对会对孩子有所帮助。

如果从家庭教育的角度出发，孩子的社会交往和自我调控等能力的发展主要是家庭社会化或家长言传身教的结果，其次是在学校的历练。然而这些其实都不够。有时，我们的确需要借助一些外部力量。恰青春年少，这套书或许正是这样一股有形的力量。

我特别欣赏这套书中每一本书的主题。没有那么学究气，而是实实在在地道出了孩子们的心声，也表达了作者的创作意图。是的，分心多动不可怕，可怕的是不以为意，任其发展；没有坏孩子，你的孩子只是在情绪管理能力上需要一些训练，就好像只要多加练习就能弹奏好某个曲目一样；教育孩子不去欺负别人，也教他如何才能不被别人欺负；掌握一些必要的社交技巧，每个孩子都能成为社交达人。恰青春年少，我相信这套书中的每一条有针对性的训练都将对你大有裨益。

是为弁言。

蔺秀云

2020 年 3 月

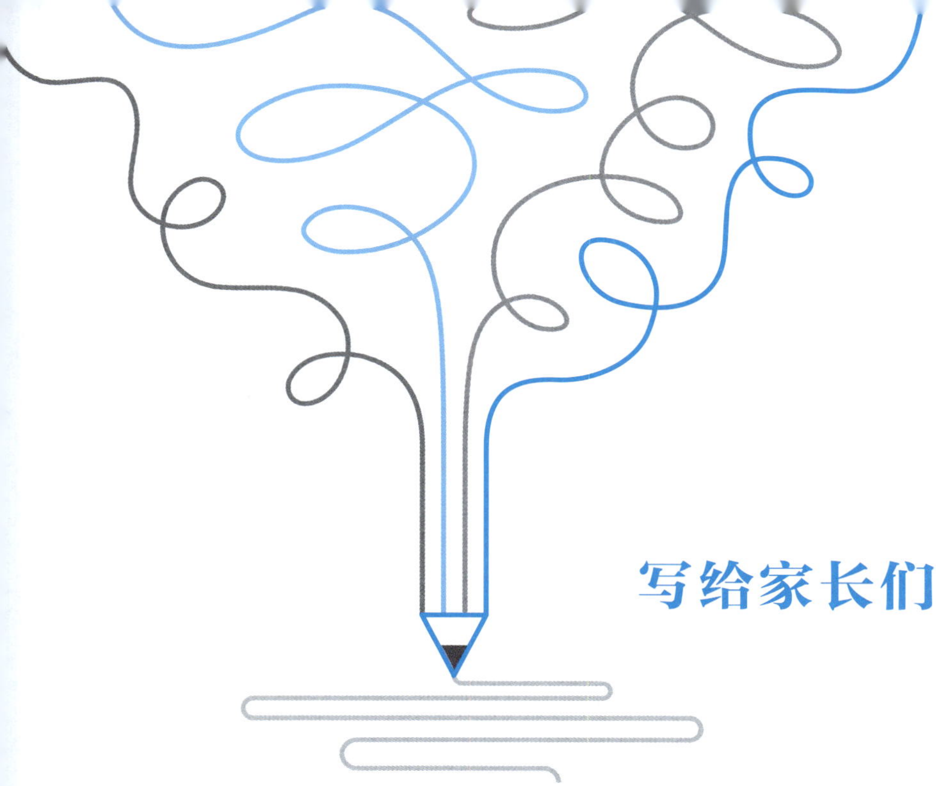

写给家长们的信

如果你的孩子有多动的问题，你需要大量的耐心、特殊的奉献，以及即使没有人了解孩子的特殊需要时，你仍愿意成为孩子的支持者。（多动既会影响男孩，也会影响女孩，但有多动问题的男孩是女孩的 3 倍。考虑到数据如此，在这套书中我会更多使用男性人称代词。）

这也要求你具备特殊的知识和能力。让我们面对它，很多事其他家长可以理所当然，但你不能。你可能比其他家长更担心自己孩子的行为，你应该这么做。有多动问题的儿童经常说或做一些事，让他们在家里或学校中陷入麻烦。如果你像大多数有多动问题的儿童家长一样，你也会担心孩子在学校的表现。很多有多动问题的儿童有超过平均水平的学业潜能，但他们在完成功课方面的问题会让他们成为后进生。增加学习时间或许有用，但这通常是不够的。

大多数有多动问题的儿童也存在交朋友和维系友谊方面的困难，这也是家长很关心的问题。当孩子没有接到生日聚会邀请或独自坐在家里而不是和朋友玩时，家长并没有意识到自己的孩子正在被忽视。有的多动儿童甚至有更严重的社交问题——他们被同学嘲笑，在课间游戏时被排斥，并且存在社交孤立。

多动还可能导致低自尊。多动儿童通常会引来批评和负面注意。如果你的孩子在治疗多动问题，他可能会感到困惑，担心自己和别人不一样。

我写这本书就是为了帮助你的孩子学习新的情绪、行为和社交技能，解决他们在行为、学业、社交和自尊方面遇到的问题。有的人将这些技能称为“情绪智力”。研究者告诉我们，情绪智力可以像其他技能，如阅读、打棒球或拉小提琴一样被习得。而且这种技能也和其他技能一样，需要以一种系统的方式来教授，并且需要练习和强化。

这就是这本书想做的，并且你也能帮助孩子。如果你的孩子看起来很困惑或没有意识到，你可以把这些概念解释给孩子听。当你看到孩子努力学习新技能时，你要确保给他足够的赞扬。

请注意，这本书是全面解决多动问题的一个补充，全面的解决方案应该包括家庭中的行为改变、课堂改变、教室中行为的改变，有时还包括专门的辅导和咨询。

对于多动儿童来说没有简单的答案，并且每个孩子都有独特的需求。我希望在你耐心的指导下、在学校的支持下，你的孩子能收获快乐和成功。

劳伦斯·E. 夏皮罗博士

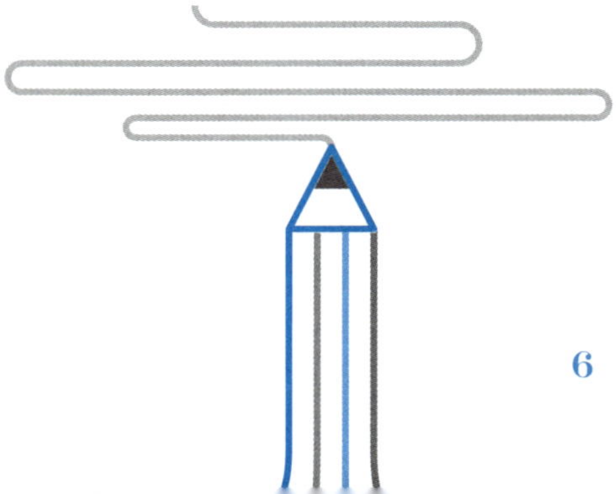

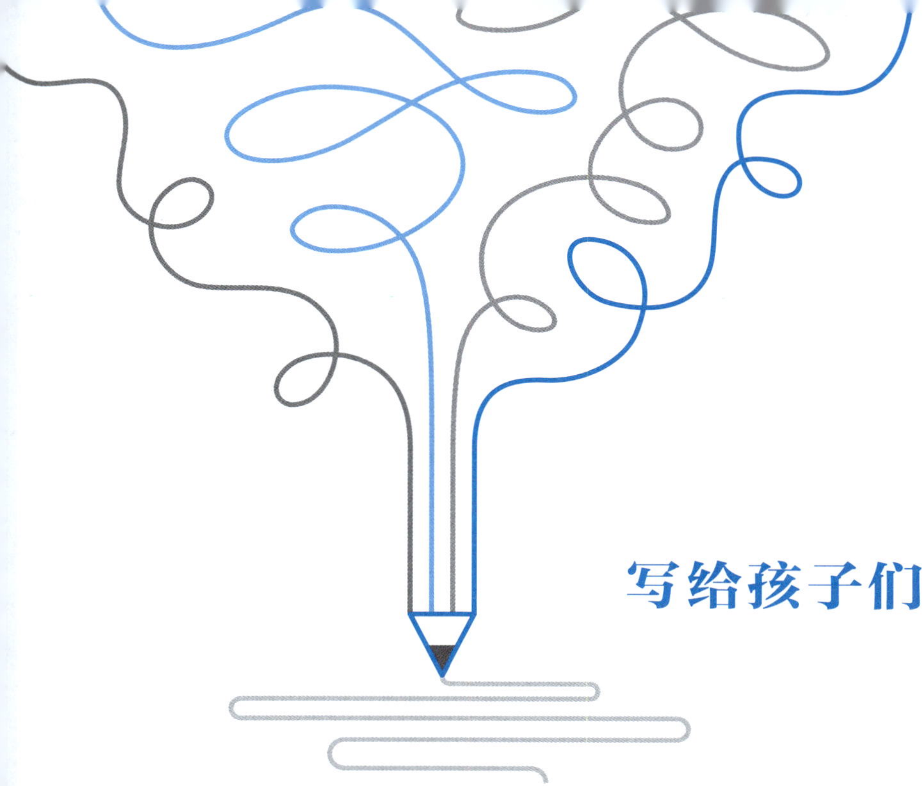

写给孩子们的信

对你来说，多动是什么感觉呢？我认识很多和你一样有多动问题的孩子，他们告诉我，大多数时间都没问题。但你知道，有时它会给你带来痛苦。

有的孩子告诉我，他们会比其他孩子更容易遇上麻烦。他们的老师和家长永远都在说一些像“我知道如果你再稍微努力一下，你就能做得更好”的话，即使他们已经很努力了。大多数有多动问题的孩子告诉我，他们没有朋友，有时同学对他们很刻薄。

我写《美国儿童注意力训练手册》是为了帮助你解决其中的一些问题，我希望这本书确实能帮助你。在每项活动中，你会学到更好地处理不同问题的方法，并且在学的同时获得乐趣。书里有很多孩子喜欢的活动，像画画和走迷宫。但如果我说这些活动不需要努力，那是不诚实的。你越努力，学得就越多，就像学习功课一样。

每个活动都会教你一项新技能。第一部分的活动将教你怎么做才能不遇到麻烦；第二部分的活动将教你如何在学校有更好的表现；在第三部分中，你将学到一些关于你自己的事情，以及是什么造就了这么独特的自己。

有的活动你能自己完成，有的活动可能需要你在家长或老师的帮助下完成。如果你有心理咨询师，他可能也很愿意帮助你完成这些活动。

有很多人想帮助你在生活中的每一天都快乐、健康和成功，而我就是其中的一员！

祝你好运！

劳伦斯·E. 夏皮罗博士

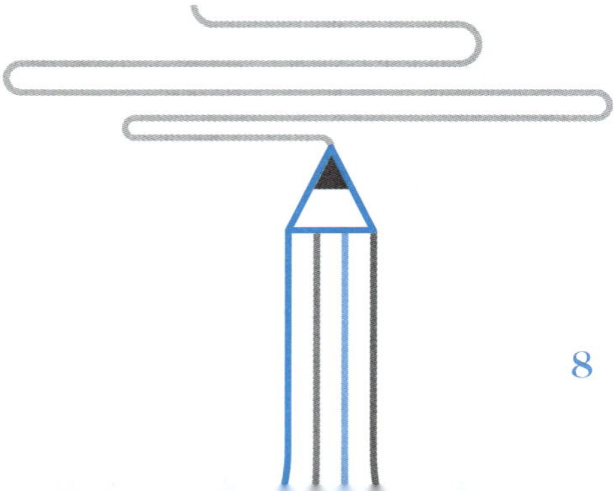

Contents

目　录

CHAPTER 1　学习自我控制

CHAPTER 2　在学校表现得更好

CHAPTER 3 对自己感觉良好

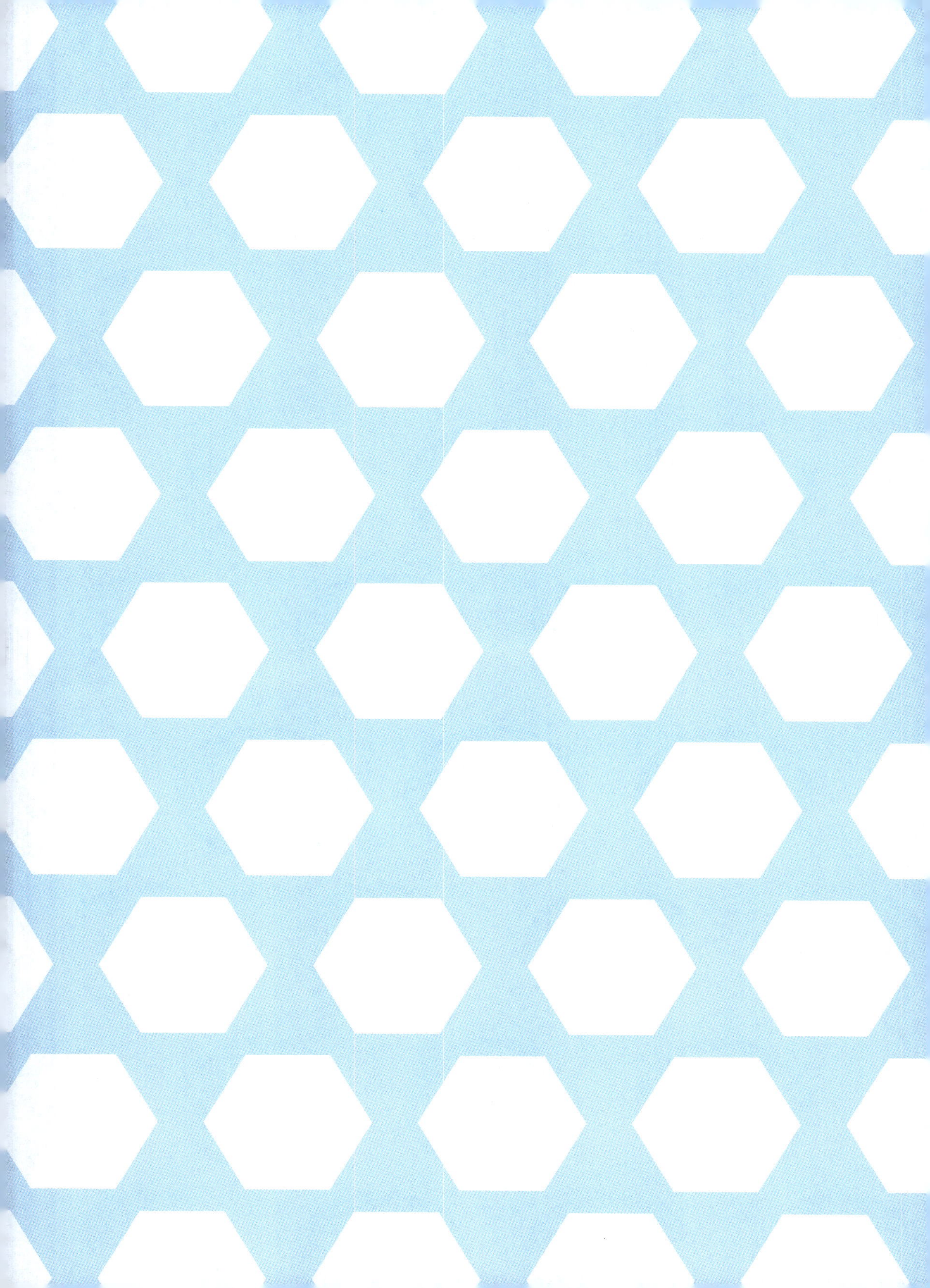

1

CHAPTER 1
学习自我控制

大部分多动儿童都有某些行为问题，虽然这些行为并没有多坏，但是这些行为总是不符合家长和老师的期待的。他们记不住规则，常常因为不守规矩而陷入麻烦；他们在课堂上常常坐不住，也记不住有问题的时候要先举手；和家人甚至朋友讲话时可能过于大声。

本章所包括的活动将帮助你学会如何和别人相处得更好,这些人包括你的父母、老师和朋友。

Activity 1

活动1　你能避免陷入麻烦

· **你要知道** · 你可能有时候缺乏三思而后行的能力，记不住那些确定的规则以及违反规则将会带来的麻烦，但你能够学会在行动前先进行思考，同样也能学会避免做那些让成年人生气的事情。

克里斯和大卫是非常要好的朋友，而且几乎每个周六都在一起玩。大卫有一个城堡玩具，还有配套的骑士、战马和一条咆哮的龙，克里斯喜欢玩这些骑士玩偶。一个周六，克里斯想要照常来一场玩偶对垒，但是没玩一小会儿，大卫便说这很无聊，还不如去骑单车。

克里斯说：“我什么时候都能骑单车，但我在家的时候可玩不了这样的城堡，这简直太酷了！”

“但是我每天都可以玩这些城堡，我玩腻了，”大卫回复说，“而且你是在我家，应该我说了算！”

克里斯也明白这是在大卫家，大卫的玩具应该由大卫说了算，但他仍然不想去外面玩，而且他觉得大卫过于专横。于是趁大卫不注意的时候，他把其中一个骑士玩偶放进了自己的口袋，这是一个在头顶挥舞着宝剑的黑色骑士。

当天晚些时候，克里斯的妈妈看见了他手里的黑色骑士，于是问道：“这是从哪里来的？我怎么从来没见过？”

“我找到的。”克里斯说，他想不出更好的答案。

“你在什么地方找到的？”妈妈走近克里斯并用怀疑的眼神看着他，继续问道。

“我忘了，”克里斯说，“它就在我口袋里。”

“嗯，也许我们应该谈谈这个玩偶是如何跑到你的口袋里去的。”克里斯妈妈说。从妈妈的眼神中，克里斯意识到情况有些不妙。

Share 你有未经允许拿走别人东西的经历吗？如果有，之后都发生了什么？请你写下来或说一说。

For you 你要做的

想一想过去做过的让你陷入麻烦的事情，这些事情包括：

- 你知道这是错的，并且之后你也很内疚；
- 你不知道这是错的，但之后这件事确实让你陷入困境。

如果你在做之前想一想，可能你就不会做这些事情，你心里也不会内疚，你更不会遇到麻烦。

下面这个行为评定量表可以帮助你确定你想做的事到底是好是坏，用这个量表去给你想做的事情打分。下面是分数说明：

1 = 这个决定会帮助其他人。

2 = 这个决定不会伤害任何人，而且我还会乐在其中。

3 = 这个决定确实能让我开心，但是并不是真正对我有利。

4 = 这个决定会让我开心，但同时也会让别人生气。

5 = 这个决定不符合大人们口中的规矩。

6 = 这个决定是违反法律的。

请在下面的表格中填写5件你过去做过并让你陷入麻烦的事情，并使用上述评分标准在右栏对这些事情分别给出相应的分数。

让我陷入麻烦的事	等级评分（1~6）
1	
2	
3	
4	
5	

更多你要做的

前面那个行为评定量表会帮助你区分一个行为究竟是好还是坏。你可以做那些评分为1分或2分的事情，但是你不应该去做那些评分为3分及以上的事情。

下面有一些情景，你可以试着练习一下，使用行为评定量表给下面每一个行为打分，并且让你的爸爸妈妈看看你的评分是否合理。

- 苏西让肖娜不要在休息室里和小伙伴打闹。
- 伊桑在爸爸妈妈睡着之后偷偷溜进厨房，连吃6块曲奇饼干。
- 蒂龙想骑会儿单车，但是他决定先去帮奶奶办康复卡。
- 凯伦给艾玛阿姨做了一张感谢卡。
- 艾比在她爸爸打电话的时候一直闹个没完。
- 坦尼娅没在规定的时间里做作业，而是打了两个小时游戏。
- 伊丽莎白特别讨厌伊莎贝拉，所以她假装是伊莎贝拉的叔叔马克给她发了一封语言刻薄的电子邮件。

Activity 2

活动2　你能预测别人会做什么

·你要知道· 许多有多动问题的儿童都没有预测自己行为后果的习惯，即使你知道如果违反了规则可能会发生什么，但还是会照做不误。如果你真正去思考，大多数情况下可以预判出自己行为的后果。如果你学会预判自己的行为会让别人做出什么反应，以及会带来什么后果，你就会渐渐地学会控制自己的行为。

每周一，玛丽贝思的老师都会给大家写一些新单词；每周四，她们班都会有一次单词拼写测试。

周一晚上，玛丽贝思本来应该学习新单词，但她选择在周一晚上看自己最喜欢的电视节目；周二，玛丽贝思本应花15分钟温习新单词的拼写，但是她去踢球了，之后她吃了晚饭，完成了一部分数学作业，再后来就上床睡觉了。也就是说，最后她没有花一点儿工夫练习拼写新单词。

周三，玛丽贝思按计划应该和爸爸或妈妈练习拼写新单词，但是她妈妈因为要照顾年幼的弟弟根本没时间，她爸爸头疼的毛病又犯了，所以玛丽贝思也没有叫他们帮助她。周四，玛丽贝思参加了单词拼写测试。周五她便得到了自己拼写测试的结果，20个单词中有15个都拼错了，成绩单上写着一个“F”。

所有的测试成绩单都必须有父母的签名，并且要在下周一交给老师。回到家后，玛丽贝思把自己的拼写测试成绩单给妈妈签字。“天啊，”玛丽贝思的妈妈说，“你怎么可能在拼写测试上表现得如此糟糕，你一向拼写成绩都很好啊！”

“我不知道，”玛丽贝思说，“我也不知道发生了什么。”

但是实际上她是知道的，对吗?

Share 你曾经因为自己没有好好准备而得到了一个很糟糕的成绩吗？写一写或讲一讲都发生了什么。

你要做的

你能推断出左边图片里的孩子们接下来会遇到什么吗？把你认为可能发生的情况从右边的图片中找出来，并画一条线把它们连起来。

参考答案:

粗暴对待布娃娃导致娃娃损坏
偷拿超市商品导致被警察教育
上课分心走神导致考试成绩差
在窗帘旁玩火柴导致窗帘着火

For you 更多你要做的

如果你静下来想一想，你大致可以想出大人们对你所做的不同事情的反应，下面你可以练习一下。

写出3件你做了大人们可能会跑过来抱抱你的事情。

1 ……………………………………

2 ……………………………………

3 ……………………………………

写出3件你做了大人们会责备甚至惩罚你的事情。

1 ……………………………………

2 ……………………………………

3 ……………………………………

写出3件你做了会提高学习成绩的事情。

1 ……………………………………

2 ……………………………………

3 ……………………………………

写出3件你做了别人会向你道谢的事情。

1 ……………………………………

2 ……………………………………

3 ……………………………………

Activity 3

活动3　即使你感到不耐烦，仍然能够保持专注

· **你要知道** · 大部分有多动问题的儿童都很容易走神，你常常会比没有这一问题的儿童更容易对手头上的事情感到不耐烦。你通常很聪明，但仍然得不到很好的成绩。这有可能是因为你不完成自己的随堂作业、家庭作业甚至各种测验。但是你肯定可以学会对某些事情感兴趣，即便它们一开始看起来很难或很无聊。即使你有多动的问题，对感兴趣的事也能保持几个小时的专注。

凯尔的父母应学校老师要求去学校见老师。凯尔的老师梅茜小姐说："凯尔确实是一名非常聪明的孩子，我真的喜欢让他待在自己班里，但除非我看着他，否则他从来都不能完成一次随堂作业，我都想过把他的课桌搬到我跟前，这样他做作业时我就可以盯着他，但是这样有些不公平，毕竟这是一个集体，我不能只把心思放在凯尔一个人身上。"

凯尔的妈妈说："凯尔在家里也是一样。以清扫房间为例吧，只要我在他面前，他就做得不错。但是一旦我离开一会儿，哪怕5分钟，他就会去做其他事，我也不明白为什么凯尔看起来什么也完成不了。"

凯尔的父母晚上回到家，问临时保姆杰米，凯尔今天在家都做了什么。"凯尔一直都在做一件事，有3个小时了吧。"杰米说，"我教他如何折纸天鹅，看，他已经照着折了接近100只了。"

凯尔的父母看了看彼此，都陷入了沉思，他们在想怎样才能让他们的儿子如此专注地做一些事情，而不仅仅是折纸天鹅。

Share 你对什么活动感兴趣？什么活动让你感到不耐烦？如果对一件事感到不耐烦，你通常会做什么？

For you 你要做的

写出你喜欢做而且从未感到厌恶的5件事情。

1 ……………………

2 ……………………

3 ……………………

4 ……………………

5 ……………………

写出你不得不做但又确实觉得很烦的5件事情。

1 ……………………

2 ……………………

3 ……………………………………………………

4 ……………………………………………………

5 ……………………………………………………

接下来针对每一件你不喜欢的事情，写下你要怎么做会让它没那么令你讨厌。比如，你可能不喜欢整理自己的床铺，但是如果整理床铺的时候放着你喜欢的音乐，你可能就没那么烦了；或者你可能不太喜欢做家庭作业，但是如果你做作业的同时爸爸或妈妈也在同一个房间里陪你，可能会好一点儿。动动脑子，看看能否想出什么好的方法让那些你不得不做的事情没那么讨厌。

1 ……………………………………………… ☑

2 ……………………………………………… ☑

3 ……………………………………………… ☑

4 ……………………………………………… ☑

5 ……………………………………………… ☑

更多你要做的

如果你和凯尔一样，只对感兴趣的事能保持专注，对不感兴趣的事无法保持专注，有时候你可以让要做的事情更符合你的兴趣。比如，艾米丽并不喜欢耙树叶，但是如果她爸爸说："你每耙5分钟树叶，我就给你5美分！"艾米丽立刻就觉得这很有意思。她干了10分钟活，她爸爸给了她10美分，她又耙了20分钟树叶甚至更长时间，她爸爸说："现在你又为自己多挣了20美分。"当艾米丽耙了1个多小时的叶子之后，她父亲又给了她70美分，现在她手里都有1美元了。

问问你父母有没有什么家务活，你每干5分钟就能为自己赢得5美分。会是什么家务呢？洗车？清洁橱柜？如果这要花很长时间，当然更好，你工作的时间越长，挣的钱就越多！

如果你的父母说没问题，就让他们在你需要干家务的地方放一个宽口瓶，旁边放20枚5美分的硬币。你有手表自己计时的话当然更好，如果没有，你就让你爸爸妈妈帮你计时：你每工作5分钟他们就放一枚硬币进宽口瓶。但是出于公平，如果你没有工作完5分钟，你就什么也得不到。去试试吧，看看你能否挣1美元，就像艾米丽一样，或许你还可以挣更多！

Activity 4

活动4　你可以学会更有耐心

· 你要知道 · 多动儿童对于他们想要的东西缺乏耐心，相对于2小时之后会得到一块更大的曲奇饼干，你更愿意即刻选择一块小的曲奇饼干。但是你可以学会变得更有耐心，从而选择去等待那块更大的曲奇饼干，更有耐心还会让你与别人的相处变得更容易。

希瑟已经等不及要吃她妈妈准备的晚餐了。晚餐有她最爱的肉丸和意大利面，但她妈妈一直在接电话，希瑟确定她的美味晚餐还没有做好。

“我们什么时候可以吃？”希瑟问道。她知道妈妈打电话时，她本不应该打扰，但有的时候她妈妈也不会介意。

希瑟的妈妈竖起了5根指头，重复做这个手势示意她安静。

“20分钟？”希瑟问道。她妈妈点了点头。

20分钟后，希瑟又回到厨房，准备吃今天的晚餐。但是厨房好像没有什么变化，妈妈还在打电话，锅里的肉丸还在咕噜咕噜地炖着，而那个未开封的装意大利面的盒子仍然在角落里放着。

“晚餐呢？”希瑟大声问道，“你不是说20分钟就好了吗？”

她妈妈把食指竖在嘴唇边，然后指了指电话，示意希瑟安静，晚餐马上就好。

“但是我饿了，”希瑟说，“你可以吃完再打电话呀！”

她妈妈摇了摇头，希瑟意识到她妈妈有些生气了，但是希瑟同样也很生气，“我饿极了！”她喊道，“我要吃饭！”

希瑟妈妈瞪了女儿一眼，接着她放下电话对希瑟说：“晚饭晚一点儿吃又不会饿死，现在给我立即回到你的房间里，在我叫你之前不准出来，如果你敢再打断我的电话，那今天晚上就没有肉丸和意大利面了！”

希瑟跺着脚回到自己房间，心里想：“我有一个全世界最吝啬的妈妈。”

Share 你有没有因为不耐烦而让自己陷入麻烦？都发生了什么？请你写一写或说一说。

For you 你要做的

你是否听到别人曾经这样问你："你就不能坐着稍微安静一会儿吗？"大多数多动儿童对这句话并不陌生，但是他们并不是唯一缺乏耐心的群体，要知道甚至很多成年人都缺乏耐心：你肯定见到过一团糟的交通堵塞现场，成年人都用喇叭彼此较着劲儿，甚至隔着车窗相互骂起来；或者你可能见过一个成年人遇到电脑死机就大发雷霆。

大部分人都不喜欢等待，但是有的事情确实急不得。这里有5件必须慢慢来的事情，你还能想到5件急不得的事情吗？

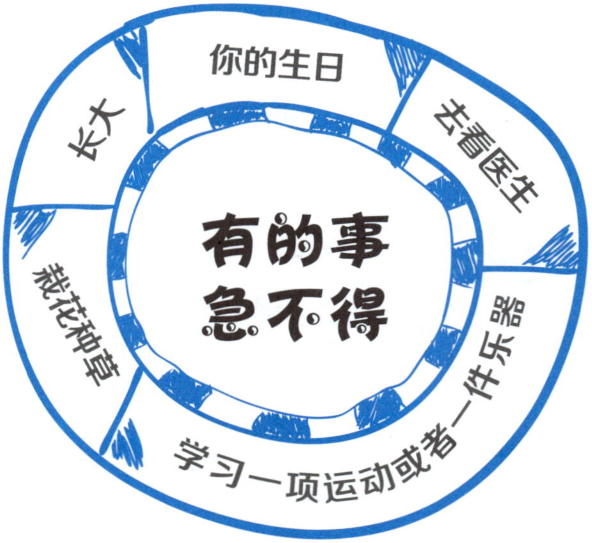

1 ....

2 ....

3 ....

4 ....

5 ....

耐心盒子

一个“耐心盒子”能够帮助你变得更有耐心。向父母要一个空鞋盒，如果你喜欢的话你也可以再给鞋盒装扮装扮。找出一些小纸片放进去，写下所有你能想到的能让自己在不耐心的时候变得安静的办法。比如，你可以写“给朋友发个邮件”或“用橡皮泥捏个小人”。你也可以问问父母或朋友有没有什么有趣的活动能够让你暂时安静。下次你对什么事等不及的时候便找出你的“耐心盒子”，然后闭上眼睛，从中抽出3张纸条，选一个你认为最有趣的，按照纸条上写的去做。

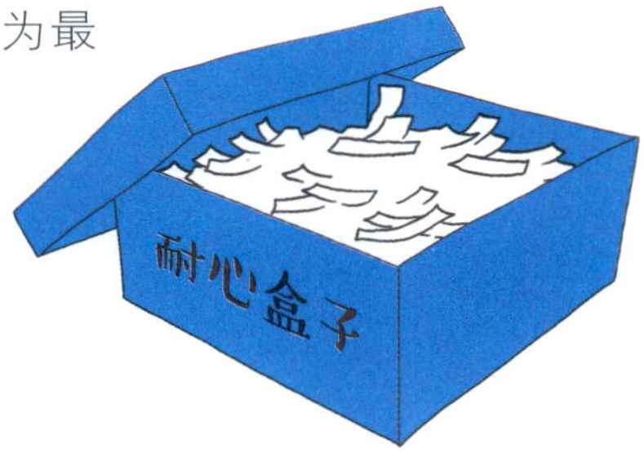

For you

更多你要做的

几乎没有孩子会觉得耐心很容易就能学会，但是即便你不想，学会有耐心仍然很重要。下面介绍的这个活动特别考验耐心，看看你是否能够心平气和地做完。你越有耐心，这个活动就会越简单。

耐心迷宫

下一页有一个迷宫，这个迷宫并不是特别难。你能否在不压线的情况下，用非利手一口气从入口画到出口？也就是说，你平时写字用右手，那现在你就用左手；你平时写字用左手，那现在你就用右手。用一支铅笔慢慢地画，如果你压到其他的线，那就擦掉并重新开始。

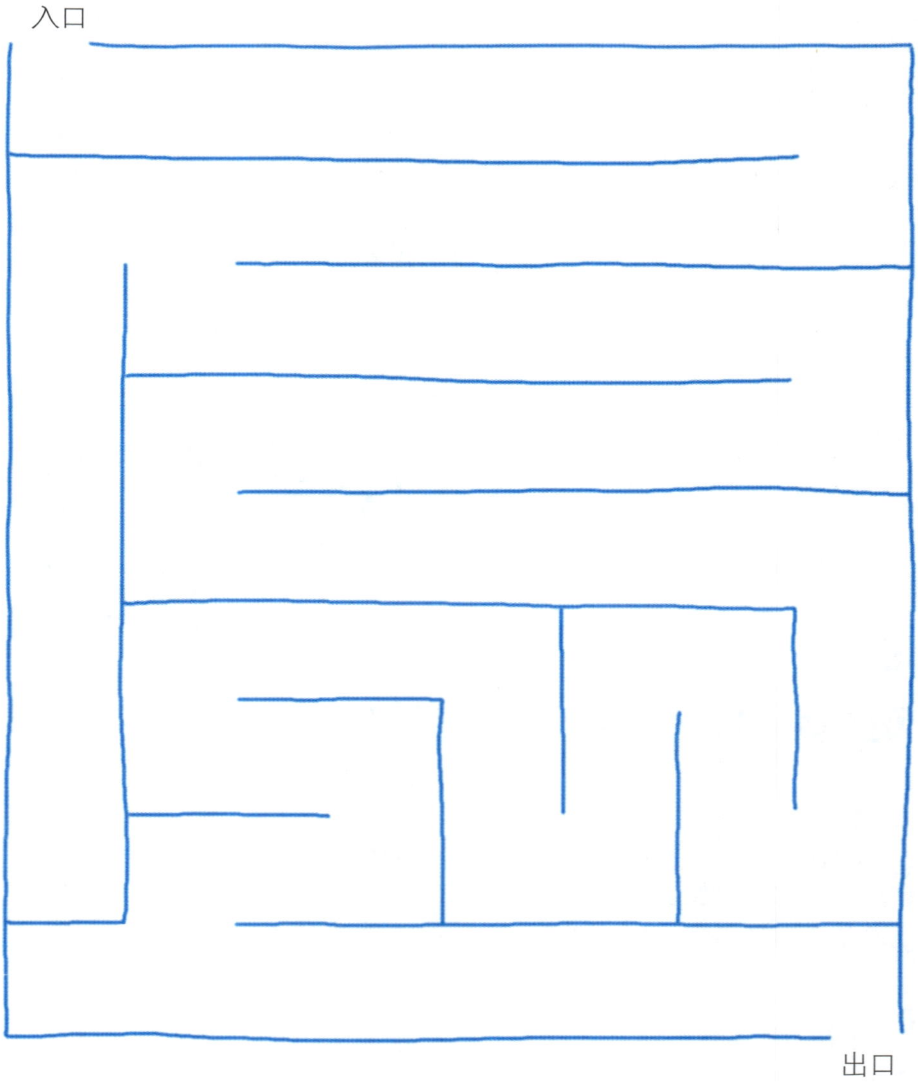
入口
出口

Activity 5

活动5　你能做一个优秀的倾听者

·你要知道· 许多多动儿童一想到什么事就立刻大声地说出来，但别人会觉得这样很讨厌。无论你是在教室里，还是仅仅在和一个朋友聊天，学会区分什么时候发表意见、什么时候选择倾听都非常重要。做一个优秀的倾听者并不像你想的那样简单，你必须在轮到你说话时才能说话，并了解什么时候应该停止说话；你也必须弄明白什么时候完全不能说话，这也很重要。

“凯瑟琳，你能告诉我世界上体积最大的动物是什么吗？”皮特波利斯老师问道。

“恐龙？”凯瑟琳回答。

“这太愚蠢了！”约什说道，“要知道，现在世界上根本没有恐龙。”

“约什同学，我没请你回答。”皮特波利斯老师说，“而且用‘愚蠢’形容他人非常不礼貌，违反了我们的班规。”

“对不起，”约什说，“但是恐龙在几百万年前就消失了。”

“布鲁克，你觉得呢？”皮特波利斯老师接着提问，“你能告诉我世界上体积最大的动物是什么吗？”

“大象？”布鲁克回答道。

“不对，”约什说，“应该是鲸鱼，蓝鲸。对吧，皮特波利斯老师？”

这时老师绕到约什的课桌前，俯下身子，望着约什的眼睛。

“没错，约什，很多时候你都没有说错，但不是这个问题。你的答案是正确的，但你的行为却不对，我必须在你的课堂表现成绩单里扣几分。我已经不止一次和你说过，回答问题的时候要先举手或者被老师问到才能回答，今天我都不想再听到你讲话了，除非我叫你说话。”

约什很伤心，他认为他是班里唯一知道答案的人，所以忍不住要回答这个问题，这不是他的错。

Share

你曾经因在课堂上未经允许就发言而受老师批评吗？都发生了什么？请你写一写或者说一说。

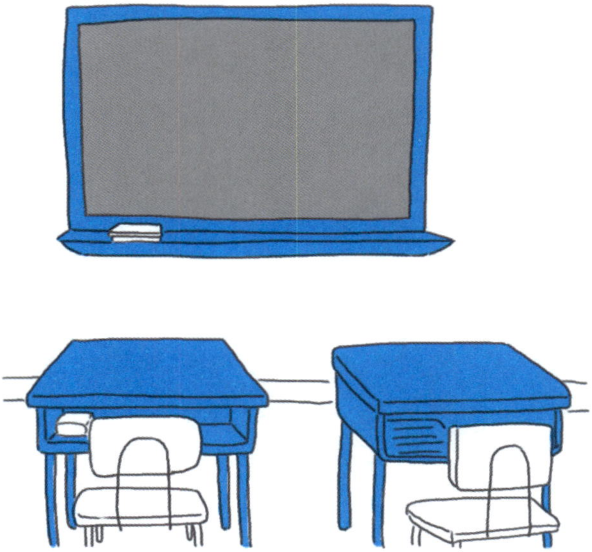

For you 你要做的

科学研究表明，在会话交流中，身体语言的重要性往往要大于口头语言。身体语言包括手势（我们怎么使用我们的双手）、身体姿势（我们怎样摆放我们的身体）、面部表情，以及尤为重要的，我们的眼神（我们是否注视着那个说话的人或者听我们说话的人）。

看看下面的图片，在你认为是优秀的倾听者的图片旁打√，在那些看起来并不是一个优秀倾听者的图片旁打×，并写出原因：你是通过哪些细节来判断图片中的人物是不是一个优秀倾听者的。把这些细节写下来，或者把这些细节用笔在图片上圈出来。

……………………………………

……………………………………

……………………………………

For you 更多你要做的

在学校里，未经允许高声喧哗肯定会让你遇到麻烦，但是在学校以外就没有这样明确的规定了。在学校之外的场合，无论是和父母还是和朋友讲话，你都不需要举手示意，但你仍然必须学会区分何时该讲话和何时应倾听，什么时候点头，什么时候再次点头。这有点儿像玩跷跷板——你必须按照顺序来，否则跷跷板就没法玩了。下面有一些与别人说话的简单规则。

与人说话的简单规则

- √ 不要打断正在讲话的那个人。
- √ 听清楚刚才别人都在说什么，你要讲的内容应该和别人说的有联系。
- √ 不要显摆你知道很多东西。
- √ 语速不要太快，声音不要太大。
- √ 对别人正在思考的内容提出问题，并耐心等候回复。
- √ 说话的时候注意观察别人的反应（他们的肢体语言可能比口头语言更有说服力）。

下面是一些你可能会经常遇到的情景，圈出那些除非你被提问，否则不应该说话的情景。

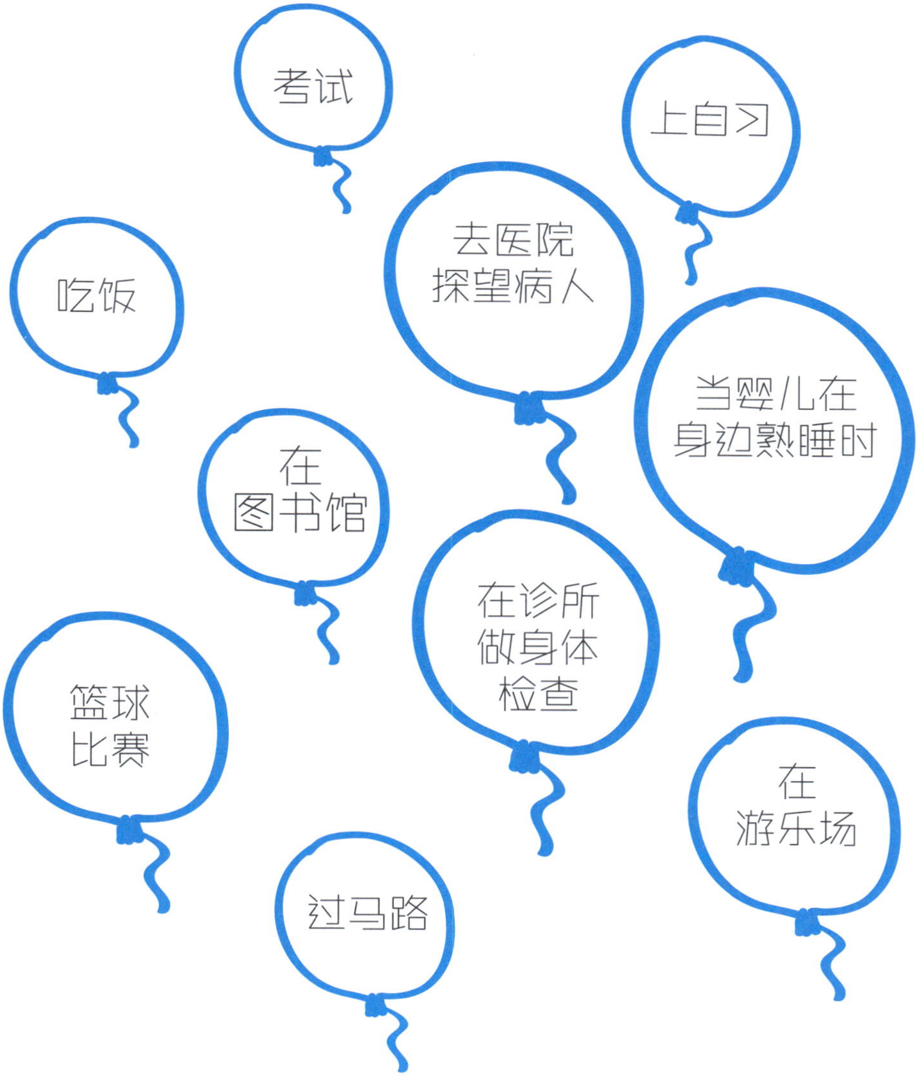

Activity 6

活动6　你能坐得住

· 你要知道 · 大多数多动儿童只要坐一会儿就会焦躁不安，人们常常称那些“坐不下来”的孩子是活动过度的。过度意味着“太多”或者“和正常不同”，所以如果你也活动过度，你只是比大多数孩子更活跃。比别人更喜欢动并不意味着你是一个坏孩子，一点儿也不！但是这样会惹恼你的父母和老师，有时甚至还会惹别的孩子生气。

“你能不能消停会儿！”罗斯老师问贾斯汀，“你不能在安妮做读书报告的时候没完没了地跺脚！”

“我很抱歉。”贾斯汀说，随后他把两只脚重重地踩在了地板上。

几分钟之后，罗斯老师又走到贾斯汀跟前，说：“现在你又不断地晃头，好像你在听音乐一样，你是在听什么音乐吗？”

“没有。”贾斯汀又想了想说，“我在回想一首早上听到的歌。”

“要知道，你在我们眼前晃来晃去的，同学们很难集中注意力。”罗斯老师说，“坐着别动，想一想我们的课堂内容。”

“好的，老师，我会安静地待着。”

但是几分钟之后，贾斯汀又想抚弄他的拇指，但他明白这样做会惹恼罗斯老师，但是他真的很想这样做！他努力克制，但他想的全是他有多么想抚弄他的手指，安妮的读书报告他一个字都没听进去，他已经等不及课间休息了，但距离下课铃响还有整整1个小时。

Share 你有这种坐不住想动的经历吗？写下当你坐不住的时候，你都做了什么。

For you 你要做的

有的孩子需要用药物来帮助他们停止东张西望并安静地坐着，但是药物并不是唯一的解决方案，控制自己的身体是每一个人都可以做到的事。静力训练也许有用（也许还能让你身体更加强壮）。在这个游戏中，你不是真的要动，你只需要把双手或双脚同时向反方向用力或彼此使劲。试一试下面的几个静力训练。

在胸前紧握双手，然后让左右手彼此朝对方发力。尽量用最大的力气发力1分钟，之后全身放松。

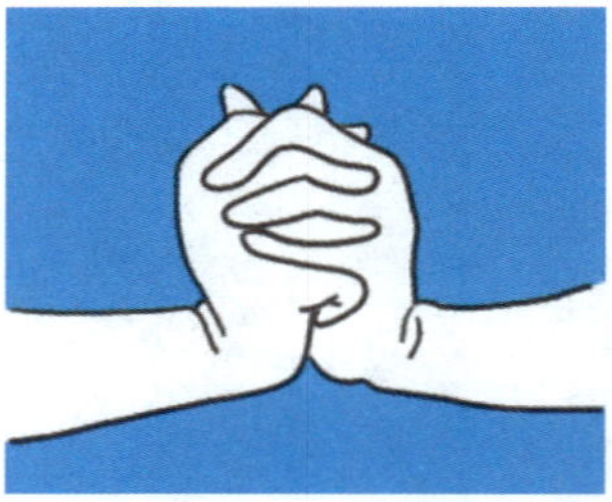

让两个膝盖相互顶着对方，发力1分钟，之后全身放松。

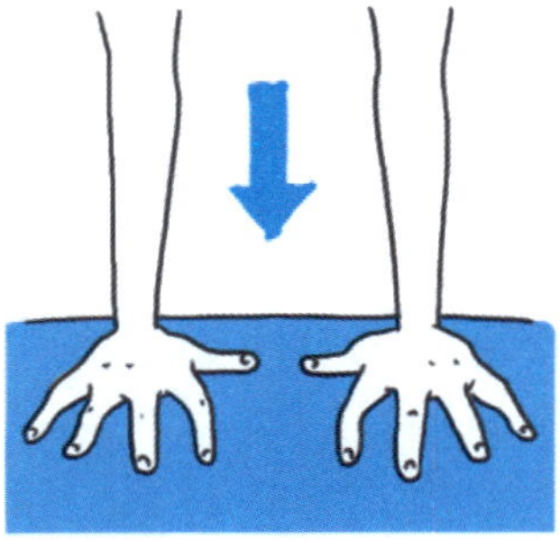

双手使劲按压桌子，发力1分钟，之后全身放松。

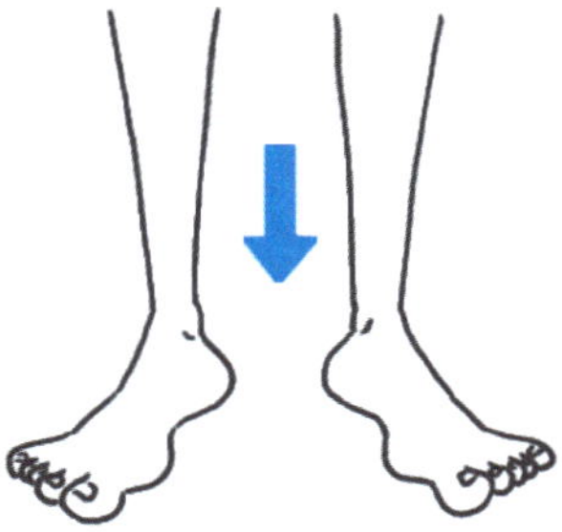

双脚用最大的劲踩住地板，发力1分钟，然后全身放松。

正如你所看到的，静力训练会给肌肉增加压力，但又不真正移动你的身体。这些动作几乎在任何地方、任何时间都可以完成。如果你经常感到坐立不安或者很难集中注意力，这些小活动肯定能帮助你。你能想出其他3个静力训练吗？这些动作的精要在于，向你身体的某个肌肉群施压，但又不是真正要移动它们，想一想，并写下你的创意。

1 ....

2 ....

3 ....

更多你要做的

当你坐立不安的时候，还可以做些别的事情让自己冷静下来并控制住你的身体。有些多动儿童会穿重一点的衣服或者在腿上绑一个毛绒玩偶。

有的孩子每10分钟或15分钟就会做点简短的运动，他们会站起来拉伸自己的肌肉。在家里你也可以这样做，但是在学校，你必须要先经过老师同意。有的孩子会用一些小玩具来不让自己的手闲着，比如可以挤压的小球，大人们一般不会介意的，因为这样会使孩子们更加专注。

Activity 7

活动7　你能学会听从要求

·你要知道· 多动儿童会把注意力同时分散到许多事情上，成年人会说你容易分心。当你容易分心的时候，一次只对一件事情保持专注会很难，同样这会让你很难按照别人的要求行事。你也许需要把具体指令都写下来，或者把这些指令分成一个个小步骤。

贝利正在一门心思地做数学题，但老师走过来看到时对她的表现似乎并不太满意。

“我刚才让你干什么？”弗里德老师问。

“你说让我们做数学题。”贝利回答，她心里很清楚这就是弗里德老师刚才让他们做的事情。

老师对贝利的解释好像并不满意，她继续说道：“我是让你们做数学题，做完之后交给我，然后拿出你们的默读本。你看看你周围，每个人都在默读自己的书，除了你。”

“哦，我可能刚才没听到这部分内容。”

弗里德老师说：“好吧，贝利，你最好以后听得更认真点。”

大人们有没有因为你没听到一些事而发过火？把发生了什么写出来。

For you 你要做的

多动儿童并没有听力问题，但是他们可能会忘了自己要做的事情，因为之前他们根本没有集中注意力去听。这里有很多你可以学会的诀窍，从而帮助你更好地听到别人的要求。

对于下面这些句子，看看你能否识别出每一个句子中被拼错的关键词，这些句子就是让你如何更好地听到别人要求的技巧。如果你需要帮助，答案就在这一页的最下方。

① kàn zhe gēn nǐ shuō huà de nà gè érn 看着跟你说话的那个人。

② chéng fù nǐ tīng dào de yāo qiú 重复你听到的要求。

③ bǎ yāo qiú jiě xià lái，suí zhe nǐ wán chéng měi yí gè bù zhòu，dōu jìn xíng bì yào de jǎn zhá 把要求写下来，随着你完成每一个步骤，都进行必要的检查。

④ yòng lü īyn shè bèi bǎ kè táng shàng de zuò yè yāo qiú dōu lù xià lái 用录音设备把课堂上的作业要求都录下来。

⑤ dài yí gè pǐ ij bǒn bǎ lǎo shī bù zhì de zuò yè dōu jì xià lái 带一个笔记本把老师布置的作业都记下来。

参考答案：

① rén 人 ② chóng fù 重复 ③ xiě 写 jiǎn chá 检查

④ lù yīn 录音 ⑤ bǐ jì běn 笔记本

更多你要做的

有些事情可能尤其容易让你分心，下面的表格就列举了那些经常让多动儿童分心的事情。你可以在下面空行处添加你认为别的容易让你注意力不集中的事情。

用1~5分计分，评估这些事情在多大程度上分散你的注意力，1=绝不，5=总是。

做完之后，也让你的爸爸或妈妈来给这些事情打分，看看他们和你对这些事情的看法是否一样。

最后，坐下来想一想，那些你标记为3分、4分或5分的事情，有没有好方法使你不再因为这些事情分心。你的父母和老师也许会有一些建议。

让你分心的事	你的评分	父母的评分	解决的方法
别人讲话			
别人在旁边走动			
任何形式的噪声			
自己课桌上的东西			
突然想到一个点子			
音乐			

参考答案：
别人讲话——和讲话者保持距离
别人在旁边走动——和走动者沟通，若沟通无果，离开此地
任何形式的噪声——离开此地，或带上防噪耳机
自己课桌上的东西——提前归置整理
突然想到一个点子——赶紧用纸笔记下来，之后再详细思考
音乐——享受片刻，若实在打扰自己，关掉它或带上防噪耳机

Activity 8

活动8　你能遵守规则

· 你要知道 · 大人们都希望孩子遵守规则。有关于如何和别的孩子相处的规则，有餐桌上的规则，有骑自行车的交通安全守则，还有按照学校规章制度规范自己行为举止和作息时间的规则。每一个地方都有它的规则，有些规则是白纸黑字写下来的，但是大部分都不是，甚至有的规则并不明确。让多动儿童把所有的规则都牢记在心是有点困难。如果你总是违反规定，你会永远麻烦不断。

凯伦不喜欢按规则办事。当她爸爸说该睡觉了的时候，她总是想再待久一点。当她妈妈说该去上学了时，凯伦却想在被窝里再待一会儿。她本来应该晚餐后就开始做家庭作业，但她总给自己找理由拖延一会儿，有的时候，甚至到深夜睡觉的时候，她仍然没开始做作业。

在学校，凯伦喜欢按照自己的规划来安排时间，而不是听老师的安排。每个清晨，他们班规定9点上课，10点阅读，10点半是零食时间。但是凯伦却在9点就想吃零食，而直到下午之前她都不想翻开课本！

大部分时间，凯伦都可以按照老师的要求去做，不过有时候她只是不想那么做。她宁愿坐着，对着窗外的世界发呆，这让她的老师愤怒不已。

当她的老师警告她，“去休息室里待着做作业”时，凯伦也不会和老师争辩，她都不会多说一个字。

Share 你在遵守规则这件事上有困难吗？把具体情况写下来。

For you 你要做的

思考和谈论规则大概是记住它们的最好办法。在下面这个表中，已经为你写好了5个规则，要求你把违反它们可能导致的后果写出来，并且再写另外5个对你很重要的规则，以及违反它们的后果。

规则	违反这条规则的后果
别拿不属于自己的任何东西	
咀嚼食物的时候把嘴闭上	
吃饭之前记得洗手	
按时交作业	
不要使用脏话	
1	
2	
3	
4	
5	

For you

更多你要做的

你最需要记住什么规则，你的父母和老师可能和你有不同的看法。请你的父母和老师分别填写下面的表格。让他们写出5条他们认为你最需要牢记在心的规则，并写出违反这些规则的后果。

父母的规则

规则	违反这条规则的后果
1	
2	
3	
4	
5	

老师的规则

规则	违反这条规则的后果
❶	
❷	
❸	
❹	
❺	

问问父母和老师，为什么他们认为这些规则很重要。当他们意识到你是在试图控制自己的行为时，他们会非常高兴。他们肯定很愿意帮助你学会遵守这些规则，以避免你陷入麻烦。

Activity 9

活动9　你能让父母和老师感到骄傲

· 你要知道 · 多动儿童常常麻烦不断。老师不满意他们总是坐不住，爸爸妈妈会因为他们不做家务或不能按时完成作业而生气。即使是这样也没关系，只要你还是一个愿意帮助别人的孩子，大人们就会更加理解你。

布莱恩是一个非常棒的小孩，几乎每个人都这样说。他很有礼貌，而且举止得体，“请”和“谢谢”这样的词他总是挂在嘴边，每次吃完饭后他都会帮助妈妈打扫餐桌，在学校他会主动捡起楼道里和操场上的垃圾，并将垃圾带出去扔掉，布莱恩觉得任何人都不想看到学校里到处是垃圾。布莱恩同样是一个多动的孩子。他不能按时完成作业，他的父母和老师都觉得他讲话太多。有的时候布莱恩会莫名对别人发火，他都说不出来他究竟被什么触怒了，他的父亲告诉他发火没有任何意义，但布莱恩有时候就是说不出来究竟是什么惹恼了他。

但是，因为他为人很好，所以每个人都对他很有耐心。

Share 你做过什么帮助别人的事情吗？把它写下来。

For you 你要做的

每天都做点好事绝对是让爸爸妈妈和老师对你刮目相看的好办法，如果你变成一个“好意侦探”，每天做点好事对你来说可能一点都不难。你在一天里可以找到很多帮助他人的方式，你可以为后面的人撑住门，做些父母没有要求做的额外家务，或主动问问父母或老师是否需要帮忙。

写出5条你能在学校或者家里帮上忙的事情，看看你是否能够每天都做1件好事。每做完5天（1天1件好事），就给一个奖杯涂上颜色。

1 ……………………………………

2 ……………………………………

3 ……………………………………

4 ……………………………………

5 ……………………………………

For you

更多你要做的

绝大多数人认为与人为善对每个人来说都很重要，甚至有些机构专门试图让人们在生活中更加乐于助人，他们会介绍一些让你在生活中变得更友善、更会助人的方法。

下面是这类机构给出的一些关于让你如何变得友善的建议。

- 送别人一束花。
- 不要等到过节才送别人礼物，今天就给你关爱的人送点什么吧。
- 做些父母意想不到的事情，比如主动清洁房间。
- 把你的一个毛绒玩具捐赠给医院。
- 给一个社区服务者，比如警察或者消防员，写一张感谢卡。
- 卖掉柠檬和曲奇，并把挣到的钱捐给慈善组织。
- 用一张便条写几句感谢老师的话。

Activity 10

活动10　你可以解决任何难题

· 你要知道 · 自己解决问题是成长的一部分，这意味着自己对自己负责。自己解决的问题越多，你的自我感觉就会越好，而且爸爸妈妈和老师也会觉得你是一个能够自立的人。

学习自己的问题自己解决并不意味着你不能向他人寻求帮助，如果你被一个难题绊住，找一个你信得过的人帮助你渡过难关没有任何问题。

大卫把老师写在黑板上的数学题抄了下来，但是他并不知道该怎么做。

老师说：“我希望你们把这5道题带回去完成，明天带着正确的答案回来，还有其他问题吗？”

大卫本来想问：“这几道题到底该怎么做？”但是他认为可能班里的其他同学都知道这些题该怎么做，他不想自己看起来比别人笨，所以他没有开口问。

回到家，他问妈妈知不知道怎么算这些数学题，妈妈看了一会儿，说：“我完全不知道怎么做，我不太擅长数学，你可以叫一个学习好的朋友来帮你吗？”

但是大卫好像没有任何朋友可以问，他看了一会儿这些题，然后把作业都塞进书包里。他不知道该怎么做这些题，但他认为也许明天会有新的办法。

Idea 如果你是大卫，你会怎么处理？

参考答案：
勇敢地向妈妈坦白：其实是没有同学可以问，他们可能都会做，而我不会，我害怕他们觉得我比他们笨。妈妈，你可以帮帮我吗？

For you 你要做的

每个人都有自己的问题要解决，如果你愿意花时间想一想，大部分问题都不会太难解决，比如给妈妈买什么生日礼物或者换季时应该穿什么衣服。有时候大问题会随着一些小问题的解决而得到解决。

如果你被欺负了怎么办？如果你不喜欢老师怎么办？如果爸爸或妈妈一直对你很不满怎么办？最好的办法就是尽可能想出更多的解决办法，并把它们都用纸和笔写下来，有的人把这个叫作“头脑风暴”。然后逐一思考这些解决办法，看看哪一个可能最有效，然后试一试。如果第一次找出来的办法不管用，那就换另外一个试试。

看看你能否为图画里面的女孩们的难题分别想出至少4个可行的解决办法，并把它们写在右边或下方的横线上，然后反复思考每一个解决办法，并找出一个你认为最好的解决办法。

我要用这个颜色，
我先拿到的！
是我先
拿到的！
我要用！

1 ....

2 ....

3 ....

4 ....

1 ……………………………………………………

2 ……………………………………………………

3 ……………………………………………………

4 ……………………………………………………

参考答案：

第一题

1——找第三者，确定谁先拿到的先用

2——石头剪刀布，谁赢了谁先用

3——看两人正在画的内容，急需的先用

4——根据画的内容，商量是否有替代性色笔

最好的解决办法：石头剪刀布，谁赢了谁先用

第二题

1——找老师协调，换寝室

2——两人保持自身习惯，相处中互相适应

3——两人制订同寝规则，共同改变

4——两人划分各自活动区域，互不侵犯

最好的解决办法：两人制订同寝规则，共同改变

For you 更多你要做的

想一想你必须要解决的那些大难题。用下面这个表格写下其中的1个难题，并且列举4个可能的解决方案，反复想想这些办法并选一个你认为最好的来实施，试过之后请把结果写下来，如果不管用，说说接下来你要尝试哪一个解决方案。

- 我的问题：……………………………………

  解决方案1：……………………………………

  解决方案2：……………………………………

  解决方案3：……………………………………

  解决方案4：……………………………………

- 你试过之后，感觉怎么样？问题解决了吗？……………………

  ……………………………………

  ……………………………………

- 你还想试试哪一套方案？……………………………………

  ……………………………………

Activity 11

活动11　你可以做自己的教练

· 你要知道 · 许多人陷入困境的时候，都知道用一种特殊的方式和自己交流，以达到自我鼓励的效果。如果你和自己这样交流，你就可以扮演一个鼓励自己努力渡过难关的教练。

琳赛的妈妈想给琳赛买一辆单车作为生日礼物，但是琳赛很排斥学习骑单车。“我骑不了，”她告诉妈妈，“我小的时候试过，我总是从单车上摔下来，还弄伤了自己的膝盖，你忘了吗？”

“那是好几年前的事了。”妈妈说，“你现在协调性肯定比那时候好得多，为什么不试试呢？”

琳赛很想和她所有的朋友一样能够骑单车，但她害怕从单车上摔下来，更害怕朋友们会因此没完没了地取笑她。“我想学，但我害怕摔下来，那样会显得我很笨！”她告诉妈妈。

“担心是正常的，”妈妈说，“但是害怕并不能阻挡你去尝试那些困难或者新鲜的事物，你必须学会告诉你自己你能够战胜恐惧。”

“我应该对自己说些什么呢？”琳赛问道。琳赛不确定她应该在心里对自己说些什么来战胜恐惧感，但她觉得她的妈妈一定知道答案。

“嗯，你只需要告诉自己，我能做到，骑单车并不难，很多比这困难的事情我都可以做到，这可能需要过程，我需要先尝试几次，但只要别的孩子能学会，我就一定能学会，我不在乎别人怎么看我，每个人在尝试新鲜事物时都会看起来有点笨。”她的妈妈说。

有没有什么事情你因为害怕而不敢尝试？..............................

你能对自己说些什么来鼓励自己？..............................

For you 你要做的

很多人都会对自己讲一些积极的话来控制自己的情绪。

棒球运动员会在心里对自己说一些话来帮助他们保持专注并击球成功。你认为他们会对自己说什么？把你想到的写下来。

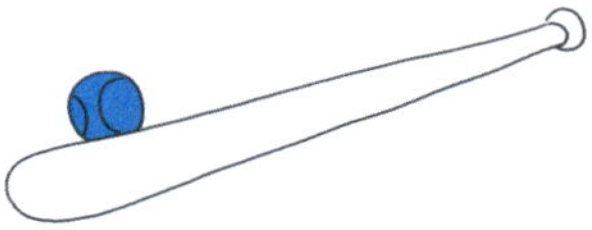

摇滚明星在演出前感到紧张时，也会对自己说几句话。（没错，即使是名人也会紧张，有的时候他们甚至因为太过紧张而不得不放弃演出！）把摇滚明星可能用来鼓励自己的话写下来。

为了让自己专心写作业，你会对自己说什么？把你能想到的话都写下来。

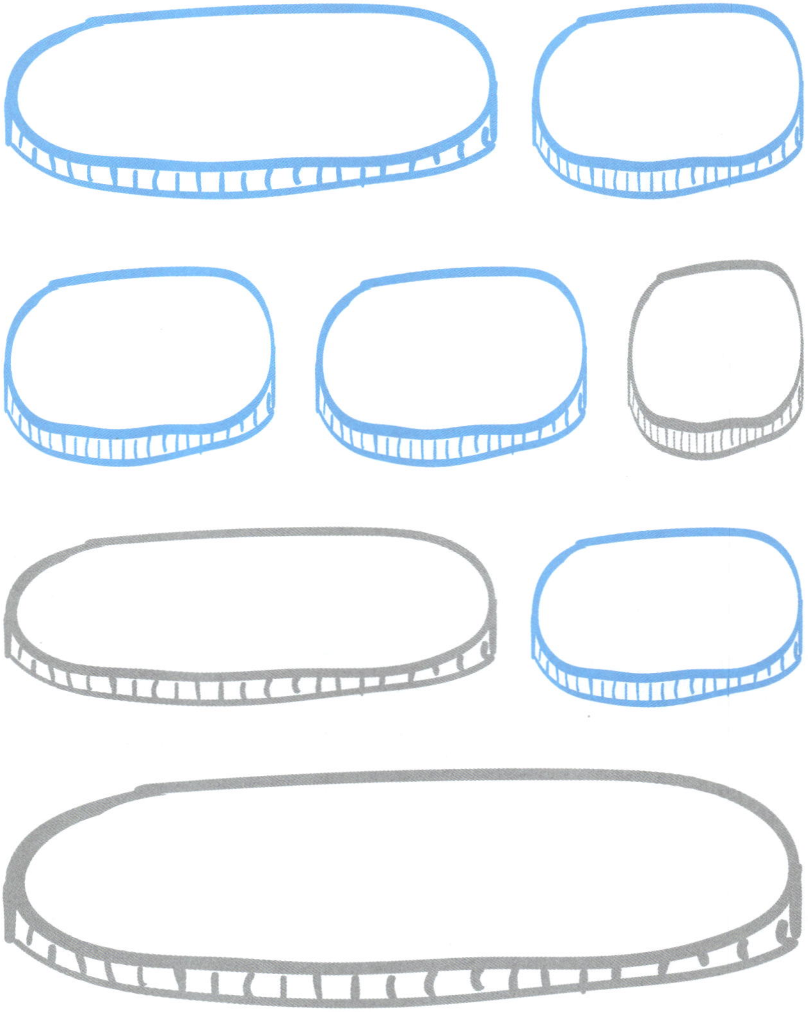

更 多 你 要 做 的

现在，尝试做一些你认为困难的事情，并在此期间用积极的话鼓励自己。写下那些你会对自己说的话。

做自己的教练并不难，你只需要把那些为了鼓励自己而讲给自己听的话写下来，大声说出这些话，然后把这些话印到你的脑海里。

Activity 12

活动12　你能保持房间整洁

· 你要知道 · 家长们都不会喜欢孩子的房间一团糟。有的家长会自己动手打扫，然后对孩子发火，教育他们要学会对自己的行为负责；有的家长会因为一团乱的房间惩罚孩子；还有的家长会对孩子说："如果你的房间不能保持整洁，那你就只能住在这个猪圈里。"显然只要你能保持房间整洁，每天起床后都收拾收拾，这样你就可以避免与父母产生矛盾。

丹尼尔一家正准备去参加一场婚礼，他妈妈说：“快一点儿，别忘了穿你那双漂亮的小黑鞋！”

丹尼尔穿上了他的新裤子，新的白衬衫，扎好腰带，系好领带，然后迅速从抽屉里翻出一双深色的袜子穿上，但这时偏偏找不到自己的小黑鞋。丹尼尔已经很久没有见过它了，上一次穿大概还是参加学校假日音乐会的时候，而且那已经是4个月以前的事啦！

丹尼尔把自己房间翻了个遍，他找到了一些玩具和书，几双运动鞋和靴子，还有几个废旧的玩偶，但连那双小黑鞋的影子都没找到。他翻了翻床底，里面除了脏衣服和玩具，甚至还有盛食物用的旧盘子，这是上次他妈妈叫他打扫房间时要他清理的东西。在这里找到它们的确很吓人，而且他仍然找不到那双黑色的鞋子。

“我们要出发了！”丹尼尔的爸爸在走廊上喊道，“我先去热车，你马上就下楼。”

丹尼尔开始慌张了，如果他没穿那双黑色的鞋子，妈妈就会生气，可是如果他继续找下去，爸爸就会因为他迟迟不下来而教训他。

Share 你有没有遇到过和丹尼尔类似的问题？就是当你的房间很乱的时候，爸爸妈妈偏要你找出某个东西。把事情的经过写下来。

....

....

....

For you 你要做的

把自己的房间打扫得整洁有序是有用的，这会让你的父母高兴，你需要找什么东西也不会那么难，而且慢慢你也会喜欢上住在一个整洁的房间里！你可以通过以下步骤把你的房间变得更加整洁：

- 整理你的床铺
- 把干净的衣服都挂起来或者放进一个抽屉里

把穿脏的衣服丢到篮子里

当你不用的时候把书籍和玩具都放回原位

仔细看一看下面的房间，把东西没放对的地方用“×”标出来。

For you 更多你要做的

养成新的习惯并不容易，但是对于自己的努力尝试适时给予奖励会让这件事没有那么难。在下面的表格上做标记，看看你能否让自己的房间在一个月里天天保持整洁。你的房间每保持整洁一天就在空格上画1颗星星，试一下看看最后能不能得到至少15颗星星。当然，你也许可以得到更多星星！如果你得到15颗星星或者更多的话，请你父母用一个特别奖品或承诺来奖励你。

你也可以使用随书附赠的挂图，把挂图贴在房间的墙上，这才会更方便更醒目！

我的房间整理表

周一	周二	周三	周四	周五	周六	周日

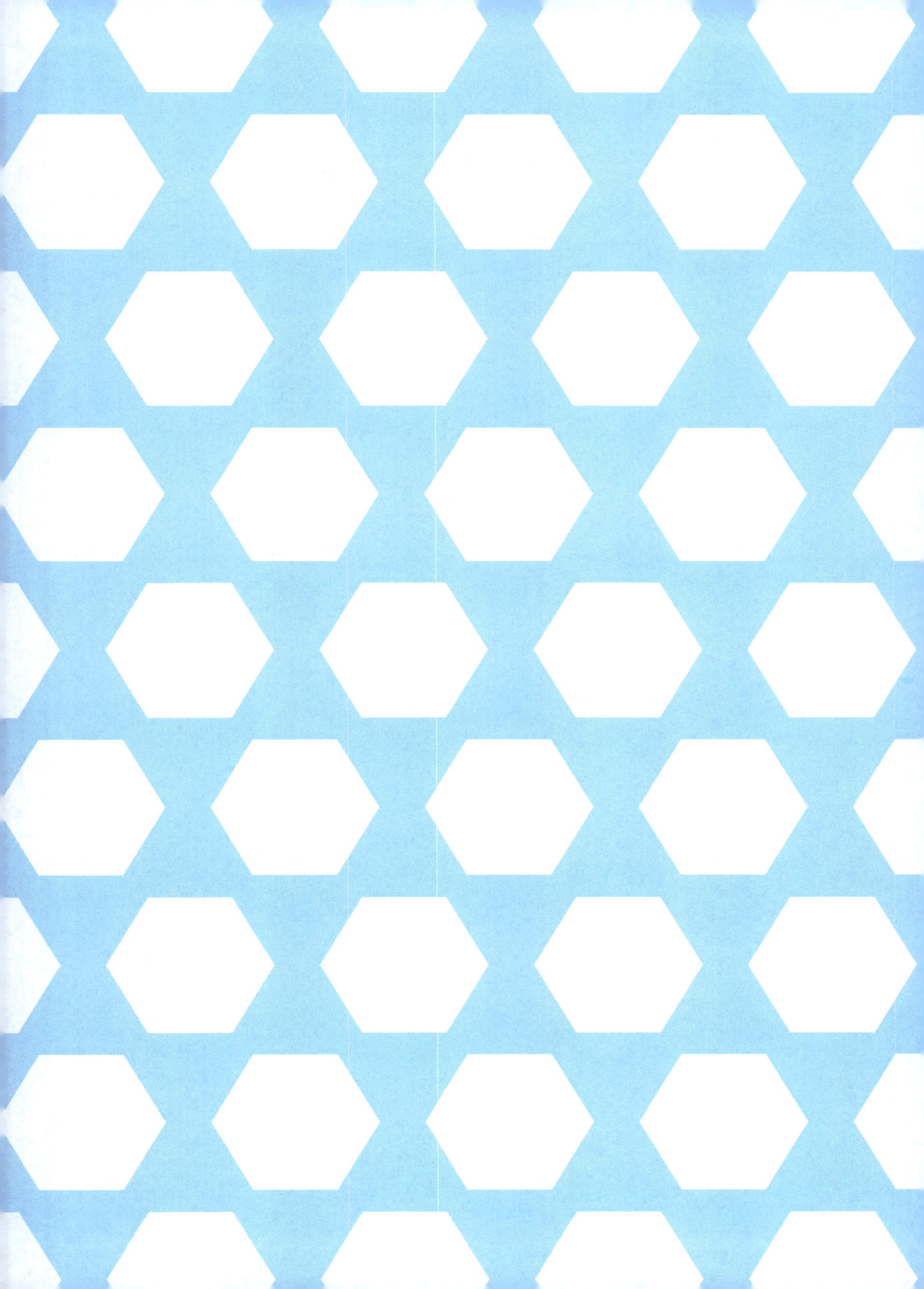

2

CHAPTER 2

在学校表现得更好

很多孩子在学校都或多或少地存在一些问题，但是多动儿童常常比别的孩子存在更多问题。多动意味着保持专注将变成一件困难的事情，而集中注意力正是老师们期望你在学校能够做到的事情。

校园生活对多动的孩子来说还意味着别的挑战。想要成为一名合格的学生，你就不得不按时完成作业，而且保证你交上来的作业井井有条；你还必须要留心学校所有的规章制度并且遵守它们。

如果你的校园生活有问题，那么接下来这一部分的活动可能会帮助你。请记住，学校里有些人也可以帮助你，任课老师、班主任、校园心理咨询师，甚至是学校管理人员，都能够在校园里帮助你。如果你陷入麻烦，不要害怕向他们寻求帮助！

Activity 13

活动13　你能让上学变得简单有趣

·你要知道· 美国国会为多动儿童通过了一部特别法律，这部法律规定学校必须出台一个计划，该计划包含对常规课堂的一些变化或调整，以期帮助多动儿童更好地参与到学习中去。这些调整具体包括：选择一些特殊的地方供多动儿童学习，用计时器让孩子保持专注，为他们专门提供一些不设时间限制的测试机会，用笔记本电脑和录音机帮助那些写作有障碍的儿童克服困难。

克里斯托弗从来没有真正喜欢过学校。当他年幼的时候，他有语言障碍，这让学校里的其他人难以理解他的意图。每个人都在问：“你说什么？”或者“你能再说一遍吗？”。但他并不喜欢一遍又一遍地重复自己说过的话。

克里斯托弗很难安静地坐在椅子上学习，当别的孩子做数学题或安静地阅读半个小时或更多时，他刚坐10分钟就表现得不耐烦了。他会左右晃动或者东张西望，这也随即给他带来了老师的教训。

但当老师发现克里斯托弗有多动问题时，一切都改变了。老师约见了克里斯托弗的父母和学校心理咨询师，他的父母称这次会面是老师和家长一起协商如何让克里斯托弗在学校表现得更好，他们制订了一个计划并且同意每两个月见一次面来探讨这个计划的进展和效果。

Idea 有些孩子认为，课堂上的特别对待会让他们受到别的孩子的孤立，也有孩子觉得被特别照顾是非常不错的一件事。你怎么看？

For you 你要做的

你在学校的表现很大程度上取决于你的老师，老师能够从校园心理咨询师和其他学校专业人员那里获得帮助。当然，把你觉得困难的事如实向老师汇报也会有助于他们更好地帮助你。看看下面列出的多动儿童常见问题，哪些在你身上也存在？把它们标记出来。

多动问题核查表

- ☐ 我对自己应该做的事理解有问题。
- ☐ 我不能按时完成老师布置的任务。
- ☐ 我很容易感到不耐烦，尤其是当我做________（填空）的时候。
- ☐ 我犯了一大堆错，我不喜欢重复做同样的事情。
- ☐ 我很难按规定完成相应的测试。
- ☐ 我总是记不住接下来要做什么。
- ☐ 我总是弄不明白老师到底想要我做什么。
- ☐ 我对书面要求理解有困难。
- ☐ 老师说我的作业一塌糊涂。
- ☐ 我想要找东西时，总是找不到。
- ☐ 老师说我的字迹太潦草。
- ☐ 老师说我上课讲话太多。

- [ ] 让我安静地坐一段时间是件困难的事情。
- [ ] 和别的孩子合作对我来说是件困难的事情。
- [ ] 我和老师难以和谐相处，还包括与________（填空）的相处。
- [ ] 我总是丢三落四。
- [ ] 当我在教室以外的校园区域活动时，我常常遇到麻烦。
- [ ] 我不喜欢课间休息，因为______________________（填空）。

告诉别人你在什么情况下会觉得不适，这非常重要。

把这张核查表的结果给父母和老师看，告诉他们在学校什么情况下你会觉得不自在，这样他们才能更好地帮助你。

更多你要做的

有很多办法可以帮助多动儿童，也许你对此有些自己的想法。看看下图中的男孩，他有多动的问题，而且他一点也不喜欢待在学校。请你帮他找出一些校园中有趣或者有意义的事情，并且画在旁边。

参考答案：
和同学们一起上体育课，或者加入校体育队，打篮球、排球等
和同学们一起上劳动课，打扫卫生、做手工等
参加学校志愿活动
……

Activity 14

活动14　你能从容地准备上学

·你要知道· 很多孩子都因为上学出门前忙手忙脚导致迟到，大部分孩子都有赖床的毛病，临到最后时刻才开始收拾东西准备上学。大部分家长不太喜欢唠叨孩子收拾东西上学，当然他们也不喜欢孩子迟到。清早的争吵会毁掉一整天的心情。这里有一些你可以做到的简单事情，让你轻松应对早晨出门上学前的慌乱。

如果是周末，亚历克的父母从来不介意亚历克什么时候起床。但是上学期间就完全不一样了，亚历克的闹钟会一遍一遍地响，父母也会不断地喊："赶紧起床，你只有1个小时的时间做准备！"

"让我再睡一小会儿！"亚历克说着又把头缩进被窝。

通常，此时妈妈很快就会进亚历克的房间叫他起床。有一次，妈妈甚至硬生生地把他从床上拖下来。这确实能让亚历克顺利起床，但是他一整天都在生妈妈的气。

有时候即使亚历克已经起床了，他的魂似乎还在床上，整个人睡眼惺忪，他会慢吞吞地洗澡，慢吞吞地穿衣，常常还差5分钟校车就要开走了时，还没有下楼吃早餐。每天早晨，这个家里都弥漫着唠叨和争吵，亚历克讨厌这样的早晨，他的父母也一样。

Share 你在早晨起床上学这件事上表现得怎么样？写几句话来描绘那些属于你的典型早晨。

For you 你要做的

充分准备，让每天早上按时起床收拾东西变成一个习惯，是杜绝那些“麻烦的清晨”最好的办法。你可以用下面这张核查表帮你记住所有头一天晚上睡觉之前和早上起床之后你必须做好的事情。在附赠的《好习惯养成手册》中，有15份核查表，请你每个上学日都用1份，连续使用3周，然后看看“早上起床不慌不忙地收拾好东西去上学”是否能成为你的一个习惯。核查表上的有些任务已经为你填好，但是你也许需要增加更多的内容。把每一个你需要做好的任务都标记好开始做的时间，任务完成之后看看花了多少时间。

第____天　　　　日期________

睡觉之前需要做好的事情	预备开始做的时间	做完的时间
把要带到学校的作业、课本和文具装到书包里		
把明天要穿的衣服准备好		
如果你需要带午饭，请告诉父母你想吃什么		
调好闹钟		

起床之后需要做的事情	预备开始做的时间	做完的时间
洗漱		
穿衣		
吃早饭		
准备好午饭或购买午饭的钱		

For you
更 多 你 要 做 的

每个人都既有好习惯也有坏习惯，下面这个女孩正在思考自己身上有什么好习惯和坏习惯。请在圆圈里填写你认为孩子应该养成的好习惯，在方框里填写你认为孩子应该克服的坏习惯。

Activity 15

活动15　你能学会守时

· 你要知道 · 大部分多动儿童都知道什么时候该做什么事，但是他们很少能够真正做到守时，即便他们戴着手表。多动儿童常常会解释说他们因为做其他事情而耽搁了，所以才迟到。其实只要你下功夫，你一定能学会守时。

乔总是迟到，每周至少错过1次校车。这让妈妈非常恼火，因为她不得不亲自带乔去学校，而这样自己上班就迟到了。乔由于参加小组活动的时候总是迟到，甚至老师都拒绝让他加入小组。

有一次，乔午餐后返回教室迟到了，老师惩罚他放学后留下来打扫教室，并让他爸爸来学校接他回家，他爸爸对这件事耿耿于怀。

乔收到了一块新的手表作为生日礼物，他妈妈把礼物给他的时候告诫说："从现在开始你再也不能迟到了，随时看手表，弄清楚现在几点，确保自己有足够的时间做接下来要做的事情。"

Idea 难以守时是不是你的一个问题？想想有什么办法可以帮助你守时。

For you 你 要 做 的

阿什丽在出去玩之前，父母要求她先打扫好房间并完成阅读功课，而且必须在下午6点之前回家吃晚饭。但是有很多事情都能让阿什丽分心，以至于她最后不能完成任务和按时回家吃晚饭。你能够在下面的迷宫里帮助阿什丽躲开那些让她分心的事，从而让她完成任务并按时回家吃晚饭吗?

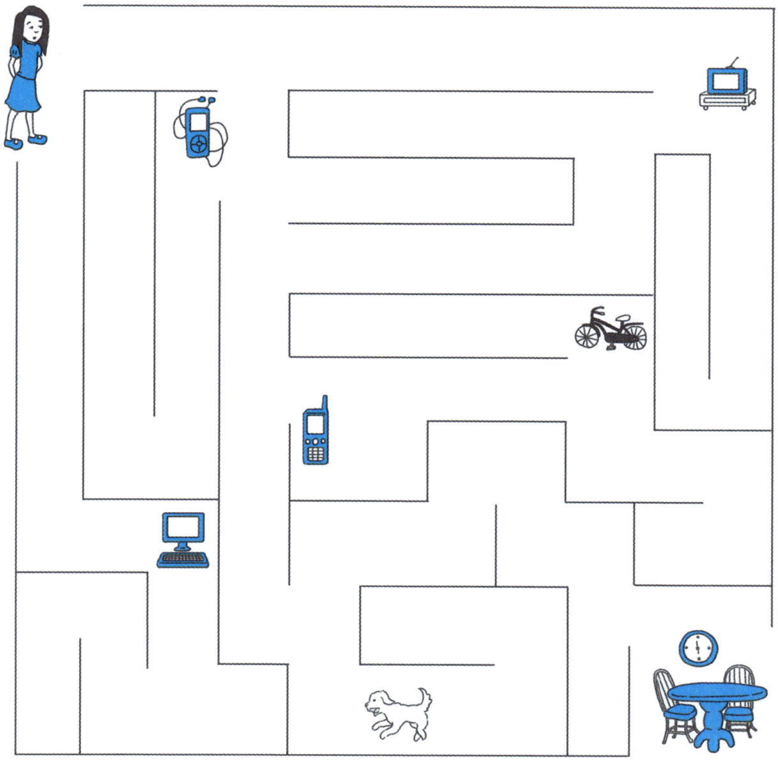

For you

更多你要做的

在下面这个表格里，写下一天中你认为必须要记住的几个重要时刻，写清楚这些时刻你都必须出现在什么地方，睡觉之前回想一下，这一天你是否在对的时间出现在了对的地点，如果是，请在最后一栏打√。

时间	这时你需要出现在什么地方	做到了吗？

Activity 16

活动16　你能顺利完成家庭作业

· 你要知道 · 没有孩子喜欢做家庭作业，但是家庭作业可以帮助你把课堂上学到的知识记得更牢。如果你不在家做完作业，很可能需要在学校花更多的时间完成它们，甚至在寒暑假期间还要补课。

哈利是班里最好的阅读者，回到家里，她一本接一本地读书。每个周六，她会从图书馆带四五本书回家，有时候周三她便把这些书都读完了，这样她会让妈妈再带她去一趟图书馆。

但是，数学就是另外一回事了。哈利不擅长数学，她尤其讨厌不得不在学校外完成的练习题。大多数晚上，她都只做了一到两道题便草草结束。而且为了应付老师，让自己看起来完成了这些数学题，她往往不去计算剩下的题，而是把前面算出来的数字写到其他数学题的答案中。

一天，老师看到哈利的家庭作业，摇着头说："我想和你父母约谈一次，你似乎对数学一点都不上心。你应该在数学上下下功夫，也许就会有收获。"哈利对此感到十分头疼。

Idea 你认为做什么能够帮助哈利？请写下来。

For you 你要做的

这里有些孩子们提到的可以帮助他们完成家庭作业的办法：

- “每次我从学校一回到家就开始做家庭作业，这让它变得没那么烦人。”
- “我会坐在妈妈旁边做家庭作业，这让我遇到什么困难就会得到她的指导。”
- “我过去常常忘记家庭作业的内容，但现在我用一支录音笔把老师布置的作业都录下来。”
- “我过去常常一边看电视一边做作业，这让家庭作业时间变得十分漫长，现在我关掉电视做作业，仅仅1小时就能完成。”
- “我为自己制订了放学后的家庭作业计划。”

Idea 你能想到2件可以帮助你更好地完成家庭作业的事情吗？请写下来。

For you 更多你要做的

每天固定一个时段做家庭作业是确保你每天都会完成家庭作业的最好方法。填写下面的横线会帮助你养成在固定时间写作业的好习惯。你可以参照附赠的《好习惯养成手册》，根据不同的日期（上学日、周末和假期）规定不同的家庭作业时段。

- 写下你开始做家庭作业的时间：________________
- 大致估计一下，完成家庭作业会花费多长时间：________

  作业1　需要花费的时间：________________

  作业2　需要花费的时间：________________

  作业3　需要花费的时间：________________

  作业4　需要花费的时间：________________
- 当你需要歇一会儿时，你会做什么：________________
- 作业完成后，谁会检查你的作业：________________
- 你期望什么时候完成你的家庭作业：________________
- 完成作业后，你会用什么奖励一下自己：____________

Activity 17

活动17　你能放好自己的东西

· 你要知道 · 许多小孩，也包括许多成年人，都有丢三落四的毛病。他们没有放好自己的物品，要用的时候就很难找到这些物品。寻找那些你乱放的东西所花的时间要远远多于每次用完后把它放回到原处所花的时间。

“我们准备去看你的乔叔叔，会坐很长时间的车。”瑞恩的妈妈在一个周六的早上对瑞恩说道，“带上的iPod或掌上游戏机可能会让你在旅途中舒服一点。”

瑞恩讨厌坐长途汽车，但他喜欢去拜访乔叔叔，因为乔叔叔家有一套精美绝伦的电子调速火车模型。坐汽车前，他先开始了“寻找iPod之旅”：在床下、沙发垫子下和背包里，他都没找到自己的iPod。

“干脆我就只带掌上游戏机吧。”瑞恩心想。游戏机就在他的书桌上，他刚放在上面的，但是游戏机没有充电！“我把充电器放在哪儿了？”瑞恩想，接着他找遍了自己房间和客厅。难道这个充电器凭空消失了？

瑞恩想让爸爸妈妈帮自己找iPod或充电器，但他心里清楚这肯定会招来一顿教训。于是他只能接受一趟漫长无聊的汽车旅途了，后来的事实也的确如此。

Share 你有没有曾经忘记自己的东西放在什么地方的经历？你有没有一个专门的地方放你的重要物品？

For you 你要做的

古语有云：万物各得其所。这句话告诉我们秩序的重要性，找一个专门的地方放我们的每一件物品，用完之后记得把东西放回原处。在下面的方框内，画出你认为瑞恩听取我们的建议之后房间应该有的样子。

更多你要做的

有人会用鞋盒或别的小盒子来装一些东西，比如：掌上游戏机、学习用品或者玩具。给下面的盒子写上标签标明你要放什么东西进去，并用笔在盒子上把你要放的东西画出来。

请你的爸爸妈妈找些盒子来帮你整理东西。

Activity 18

活动18　不用提醒你也知道要做什么

· 你要知道 · 在规定的时间做特定的事非常重要。你必须要按时准备上学、按时交作业、按时洗漱，以及按时上床睡觉。大人们不喜欢一直提醒你需要做什么。

罗宾的妈妈总是没完没了地问她："你整理床铺了吗？""你刷牙了吗？""你把玩具放好了吗？""你把阅读作业完成了吗？"妈妈问她这些问题时，大部分时间罗宾的回答都是："没，还没有。"

Idea 为了让罗宾的妈妈少唠叨她，你有没有什么建议?

For you 你要做的

许多人都会使用任务清单提醒自己这一天需要做些什么。书后附赠的《好习惯养成手册》中有7份下面这样的任务清单，请你写好接下来这一周每天你都需要做些什么，每完成一件事就在相应的右栏打√。

每日任务清单

今天要做的事	做完了吗？

For you

更多你要做的

日历是另一个提醒你每天都必须要做些什么的有效方法，把要做的事简要记录在日历上会更醒目。在下面这个日历里，把每个上学日你必须要完成的事写下来，随时跟进完成的进度。

	周一	周二	周三	周四	周五
第 1 周					
第 2 周					
第 3 周					
第 4 周					

如果周末你仍然有一些不得不完成的事情，请使用下面这张日历。

	周六	周日
第 1 周		
第 2 周		
第 3 周		
第 4 周		

Activity 19

活动19　如果你需要，你可以寻求帮助

· 你要知道 · 有的孩子觉得向父母寻求帮助是在打扰他们，还有的孩子在遇到困难的时候忘了父母就在身边，也有的孩子可能没有意识到他们需要帮助。其实当你需要的时候，主动寻求帮助是非常重要的。

威尔总会在完成家庭作业的过程中遇到麻烦，于是他越来越不爱写作业。

一天晚上，威尔看完最喜欢的电视节目后，回到电脑前开始做作业，但是他打开网页玩了几个游戏，他妈妈没有提醒他完成作业，所以他就忘了做作业。

第二天，当老师让大家交家庭作业时，威尔什么都交不出来，他明白这将是麻烦的一天。

其实在完成作业的过程中如果遇到麻烦，我们是可以向父母求助的，下一次威尔遇到问题，该怎么办呢？

向谁寻求帮助

应该说些什么

参考答案：
1. 向谁求助？
首先向父母求助。
2. 应该说什么？
爸爸/妈妈，我在做作业的时候遇到了一些困难，有几道题我实在做不出来，您现在有时间帮我看看，指导一下我吗。我真的非常需要你的帮助。

你要做的

记住，每个人都会有需要帮助的时候。你知道木匠吗？一个人能成为一名木匠，也是别人教他学会了使用木匠工具；你知道优秀的篮球运动员吗？必须有人教他学会运球、投篮和防守，他才有可能成为优秀的篮球运动员。

不同的人会在不同的事情上帮助你，看看下边的图片，想想有谁能教会你使用图中的物品，把他们的名字写下来。尽可能想出更多可以帮助你的人。

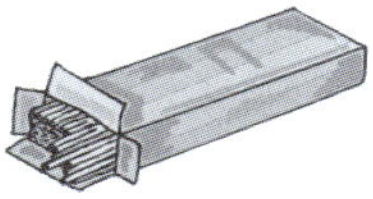

For you

更多你要做的

你认识的每一个在某个方面有所成就的人都具备向他人寻求帮助的能力。想出3个你钦佩的人，带着下面的问题去向他们寻求答案。

你在我这么大的时候，会因为什么事情寻求别人的帮助？

现在，你在什么事情上需要帮助？

你怎么知道什么时候需要帮助，什么时候应该自己先试试？

有人曾经和你说他们不能帮你的忙吗？

关于寻求帮助，你都学到了什么？写在下面。

Activity 20

活动20　你能知道什么时候该休息、什么时候该专心

· 你要知道 · 有的孩子早上就不高兴，而有的孩子到下午开始没精打采。有些多动儿童在做一些具体事情时，比如写数学作业或者做家务时，总会有些问题，但玩几个小时游戏却不会分心或者感到无聊。如果你在一天中的某个时段或你做某些事情的时候总是提不起精神，你就需要弄清楚什么时候该让自己休息，以及如何让自己重新专注。

保罗非常随和，至少在早上的时候是这样，因为他总是高高兴兴地早起，吃早餐，收拾好课本和作业然后去上学。保罗在早上上课时的表现也非常好，他喜欢课表上安排的一切：阅读、社会研究、艺术和休息。

但是在大多数下午，他好像完全变了个人。下午，保罗的课程表上写着：数学、科学和默读，他讨厌数学和科学，因为他学这两门课很吃力，上完这两门课后，他很难再集中精力到阅读上。每天下午两点的时候，保罗就已经等不及想放学，这也是他常常挨老师批评的时间，他会和坐在他旁边的班尼讲话，要不然就在课本上乱涂乱画，或者干脆望着窗外发呆。

这时，他的老师会站到他旁边，皱着眉头指着保罗应该做的作业。保罗也不喜欢自己这样，他尽力让自己集中注意力，但就是很难做到。

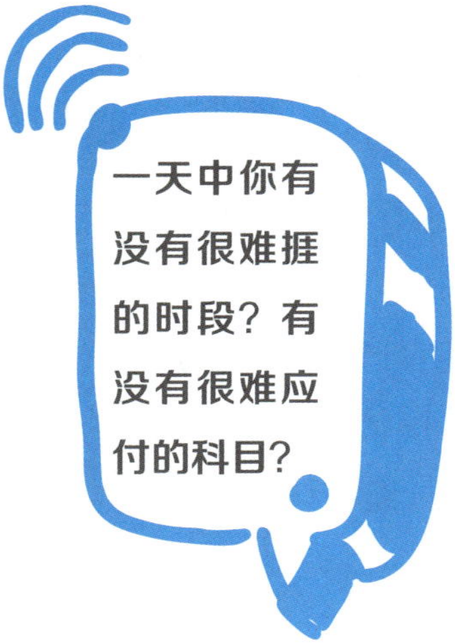

一天中你有没有很难捱的时段？有没有很难应付的科目？

For you 你要做的

当你发现自己心不在焉，焦躁不安，或累得连眼睛都睁不开时，你可能需要先休息一下。适时的休息能够让你更加机警，而且也能够更好地集中注意力。

保罗为自己在学校如何休息想了几种办法，但是其中有一部分可能没有其他的好，请把你认为可以帮助保罗和你休息一下的方法圈出来。

伸展全身
看一本漫画书
做 5 次深呼吸
听一些吵闹的音乐
看一会儿电视
去外面散会儿步
按摩自己的双肩和颈部

For you
更多你要做的

附赠的《好习惯养成手册》中有几个含有空白方框的书签，请你用剪刀把书签剪下来。在每个方框里写出或画出一个休息的好办法，然后把这些书签夹到你的课本里，提醒你使用这些可以让你重新集中注意力的好办法。

Activity 21

活动21　在那些似乎每件事都出错的日子里，你仍然能沉着应对

· 你要知道 · 总有那么几天感觉比较艰难，好像做什么都不对。在那几天里，你可能会被老师责骂，被同学欺负，或者把某件重要的东西弄丢。但是，如果你学会调整心态，即使是最艰难的日子，你也能轻松应对。

凯莎躺在床上，但毫无睡意，脑子里全是今天刚发生的事，这真是糟糕的一天。

出门的时候她明知会下雨但她仍然忘了带伞，结果被淋得湿透了。她的书包也一直开着，于是她的作业也被雨水毁了，老师对她的粗心大意感到十分恼火。

之后她在科学课的随堂小测验中只得了C^-，要知道她十分努力地学科学，她觉得妈妈看到成绩单也会生气。在回家的路上，她又不小心摔倒，弄伤了自己的膝盖。回到家后，她砰的一声关上了自己身后的门，妈妈听到之后又责骂了她。

Share 你有没有经历过像凯莎这样糟糕的一天？如果有，都发生了些什么？你是怎么让自己好过一点的？说一说或写一写。

For you 你要做的

积极的心态对于摆平那些糟糕的日子非常管用，如果你的心态很消极，你可能会：

- 认为生活总是如此艰难。
- 把自己的问题怪罪到别人身上。
- 把事情想得比实际更糟糕。
- 看不到生活中好的一面。
- 认为别人可以完全掌控你的生活。
- 觉得每个人都在针对你。

但如果你有一个积极的心态，你可能会：

- 懂得即使再困难的事也能得到解决。
- 对你自己的问题负责并且尽力去找好的解决办法。
- 感激生活中好的一面。
- 试图去弄清楚为什么事情会这样，怎样才能把它们解决好。
- 抱着事情总会变好的希望。
- 竭尽自己所能，不管别人怎么想。

下面3个孩子正在被多动的问题困扰，为每个孩子想一段话，劝他们积极地看待问题，并把这些话写下来。

作业实在太难了！

老师批评了我。

同学们不愿意让
我加入棒球比赛。

For you 更多你要做的

把这周发生在你身上的不高兴的事都写下来。对于每件事，请你分别写出对这件事的消极态度和积极态度。

不高兴的事	消极心态	积极心态

Activity 22

活动22　你能做好考试准备

·你要知道· 许多孩子都害怕考试，有的时候考试焦虑比考试本身更可怕！你可以学会做一些简单的事情，让你的学习和考试表现更加出色。

乔纳森已经读完地理课本的每一个章节，完成了练习册上的每一个题目，但他仍然很担心自己的地理考试。

“我怎么知道考试会出哪些题？”他问自己的妈妈，“老师在课堂上讲了太多东西，我根本记不住！”

“你只需要按照一定的规律去复习。”他的妈妈说，“把你认为最重要的部分写下来，集中时间对付它们，我来给你示范。”她把乔纳森所有的作业都展开，用一支黄色标记笔，给他示范如何勾画那些重点需要复习的部分。她告诉乔纳森，如果想起还有别的重要的地方就立马回看自己的地理课本，这样她便帮助自己儿子整理出一个考试可能考到的重点清单。乔纳森先把清单上的知识点看熟，之后他妈妈就针对每一个重点问他问题。

考试当天，乔纳森信心十足，他不仅加深了对地理知识的记忆，而且还掌握了学习方法，他觉得这样棒极了。

Share 你有没有什么帮助自己准备考试的妙招？写在下面。

你要做的

如果你常常因为考试而感到困扰，这里有一些好的办法可以帮助你提高成绩。但是你必须按一定的顺序去尝试，这些办法才会有用。用阿拉伯数字把做这些事的顺序标记清楚。

□ 搞清楚考试的内容。

□ 把所有的复习材料都集中到一块。

□ 把考试的形式弄清楚，有多项选择题吗？判断题多吗？小论文还是其他形式？

□ 考试之前老师说考试重点时一定要听清。

□ 保证自己有足够快的速度完成考试。

□ 如果你跳过1道或者2道题，你必须能够保证自己有充分的时间回过头完成这些题目。

□ 检查你的答案。

□ 老师批改过的试卷发下来之后，通过和老师或父母沟通把自己答错的题全弄明白。

□ 不懂的知识点一定要开口寻求帮助。

参考答案：1，4，2，3，6，7，8，9，5

For you 更多你要做的

现在你已经了解到那些可以帮助你应对考试的技巧，按照正确的顺序把它们填进下面的表格中，下次考试时记得看看这张表格，看看自己是否做到了表格里的每一个技巧。

考试技巧	是否采用

3

CHAPTER 3
对自己感觉良好

多动有时会非常棘手，但是要记住，每个人在某一个阶段都会遇到一些问题，没有人有一帆风顺的人生。

和有的问题不一样，多动会同时让你在学校和家里都陷入麻烦。甚至当大人们或别的孩子知道你有多动问题时，他们有时仍然会没有耐心而责备你，或者因为你的某个行为而惩罚你。因为多动对别人产生的麻烦会导致另一个问题，一个甚至比多动本身更严重的问题：如果人们总是说你做错事情，你可能会开始觉得你自己肯定有什么问题。绝不是这样的！

本章中的活动会帮助你认识到，多动是一个你可以学会与它相处的问题，甚至可以把它看作为一份特别的礼物。你能够学会控制由多动带来的问题行为，并且可以借此向这个世界展示你的独特之处。

Activity 23

活动23　别人可以接受你的特别之处

·你要知道· 有的多动儿童必须要服药，有的则需要从学习中心或课外获得帮助。世界上每一个人都有他不同于别人的地方，不同于别人并不意味着你有什么不对。

曾经有个男孩在学校有许多问题，他不喜欢待在学校，因为他觉得大部分时间都很无聊，他喜欢在上课的时候做白日梦，而且他的老师已经不止一次因此对他发火。随着年纪的增长，这个男孩开始逃课，不去学校，并跑去看电影，这带给了他更多的麻烦。这个男孩的名字叫沃尔特·迪士尼，米老鼠、唐老鸭和迪士尼乐园的创始人。

Share 有没有人曾经把你称作梦想家？你的白日梦常常都是些什么内容？

For you 你要做的

宣称自己有多动问题的名人很多，包括演员丹尼·格洛弗和罗宾·威廉姆斯，奥运八金王、游泳健将迈克尔·菲尔普斯和著名商人查尔斯·施瓦布。更深入地了解上述其中一个人物的人生经历，把你查阅到的资料整理好写下来。如果你喜欢，你可以另写一个有多动问题的名人。

For you 更多你要做的

有的人说多动不是一个问题，反而是一件礼物。多动儿童往往更有好奇心、更富有创造力，而且更有可能通过新颖的办法解决问题。他们常常对自己感兴趣的事情很积极。这些描述可能很符合你，或者你可能有其他的与众不同之处。

在左边的方框内画一些让你不同于别人的特点，然后想想哪些感兴趣的事可能有一天会让你功成名就，在右边方框内画出你自己做这件事的样子。

Activity 24

活动24　你会发现自己的特殊天赋

· 你要知道 · 多动儿童往往有一些特别的天赋。他们常常有非凡的想象力和充沛的精力，而且他们看待问题的方式非常有意思。

泰德的妈妈说，泰德生下来就会做各种各样的恶作剧。当她还是一个蹒跚学步的小孩时，她就把麦片盒晃来晃去，把麦片撒得满地都是。当她大一点儿了，泰德就喜欢四处闲逛，趁她妈妈不注意的时候，便跑到周围的树林里。在学校的时候，泰德难以对课堂内容保持注意，因为她喜欢做关于她可以发明东西的白日梦，比如可以把垃圾发射到外太空的垃圾发射器。泰德每天对她的发明都有新的想法，为了防止自己忘记，她常常会把这些想法立刻画到笔记本上。但是这样一来，她常常不得不在放学后多待一会儿，去完成那些她没有在课堂上完成的作业。

当她的老师威利斯女士，发现泰德笔记本上的“发明”后，她十分惊讶，“这太棒了，”威利斯女士说，“不光是你的想法很棒，而且你的绘画水平也非常令人惊讶，我想让我们的美术老师也看看这些绘画，我打赌她看到后，肯定会想把你放到他的美术特优班里，但是你仍然需要注意你的课堂作业。”威利斯女士补充道：“但是我也希望确保你有足够的时间去发展你的特殊天赋。”

泰德对自己感到非常骄傲，她笑了笑说：“谢谢你，威利斯女士。”

Share 你有没被别人注意到的特殊天赋吗？怎样才能让别人注意到你的特殊天赋？

你要做的

你有没有想象力的天赋？让我们看看你是否能在下面4个方框里按要求画出一些特别的东西。

画一幅图来描绘你获奖的场景。

画一幅你是超级英雄的图，确保画出你的超能力。

画一个从来没有人想到过的发明。

画一幅10年后你正在做一件特别的事的画。

For you

更多你要做的

写出10个你的与众不同之处。如果你想不到10个，就问问父母或老师，他们觉得你有没有别的与众不同之处。

1. ……………………………………

2. ……………………………………

3. ……………………………………

4. ……………………………………

5. ……………………………………

6. ……………………………………

7. ……………………………………

8. ……………………………………

9. ……………………………………

10. ……………………………………

Activity 25

活动25　你能吃得更健康

· 你要知道 · 有的人觉得食物中的某些特定化学物质能够让多动儿童更加活跃、更加难以集中注意力。许多人认为健康饮食有助于缓解多动的症状。几乎所有人都同意，健康饮食应该包含均衡的蛋白质、全谷物、蔬菜和水果，糖和垃圾食品应尽可能少吃。

理查德出生不久的时候特别瘦小，以至于他父母根本不担心他会吃太多。事实上，他妈妈因为担心他太瘦，常常喂他很多会增加体重的高能量食物。

几乎每天早上，理查德都会在自己的薄饼上加大量的黄油和枫糖。吃零食的话，他可以喝一大杯果汁和吃一些曲奇饼干，中餐通常是一个大汉堡和芝士薯条，可能还会有糖果做甜点。至于晚餐，理查德总是吃很多意大利面和黄油面包，他不吃蔬菜，草莓是他唯一吃的水果。

理查德4岁时，他就开始在幼儿园遇到麻烦。安静地坐在自己位置上或安静地和别的孩子一起玩对他都不是简单的事情。他老师说他一天中大部分时间都很“野”，有的时候他会和别的孩子推搡，甚至是打起来。

理查德的儿科医生认为他可能有多动问题，这名医生给理查德父母建议的第一件事就是让理查德吃得更健康。“停止吃糖，”儿科医生说，“甚至果汁都要少喝，理查德的正餐里需要更多的蛋白质、全谷物和蔬菜。”

理查德的妈妈同意医生的看法，但是想到如何让理查德吃那些他不喜欢的食物，她就头疼，理查德的妈妈只能够预见到未来的每一顿正餐都将是一场战争。

Idea 你的饮食怎么样？你觉得应该改变某些饮食习惯吗？

For you

你 要 做 的

大多数人都不认同人可以一蹴而就地改变自己的饮食习惯，最好是每次改变一点点。每周从自己的餐盘中减少一些不健康的食物，用更健康的食物去充当自己的零食和正餐。坚持一个月，每周都保证一个变化，使用下表提醒自己食物选择对健康的重要性，每周对自己的改变程度进行评分（0~5分，0=没有改变，5=完全改变）。

时间	放弃的食物	应该添加的健康食物	改变程度
第 1 周			
第 2 周			
第 3 周			
第 4 周			

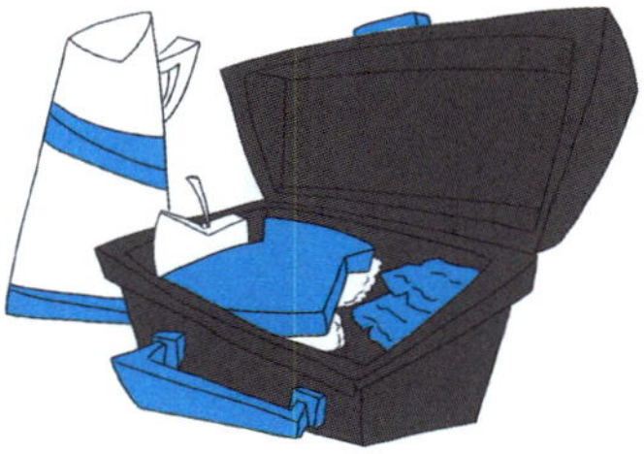

更多你要做的

看看下面这张食物单，按照你心目中它们对健康的有益程度为其打分：1=非常有益于健康，2=对健康有一些益处，3=几乎没有益处。

比萨 ______

炸鸡 ______

白面包 ______

煎鸡蛋 ______

西蓝花 ______

汉堡 ______

无糖口香糖 ______

大块巧克力曲奇饼干 ______

低脂冻酸奶 ______

蓝莓 ______

Activity 26

活动26　你可以睡得更好

·你要知道· 许多多动儿童都有睡眠问题。他们可能存在入睡困难，也有可能半夜常常醒来。当你睡眠不足的时候，可能整天都很烦躁，更难以在课堂上集中注意力。

洛根讨厌上床睡觉。他的睡觉时间是晚上9点，但是他会找很多的借口推迟上床时间，通常要到晚上10点，妈妈才能彻底关掉他卧室的灯。但关灯难不倒洛根，他在自己的书架旁边藏了一只手电筒，几乎每天晚上关灯后，他都会用手电筒在被窝里点亮一块地方，让自己可以继续看书或者玩他的玩具小车。

相比睡觉，洛根有许多他更愿意做的事情，比如说看书或者玩玩具。偶尔他也会有噩梦的烦恼，他最怕梦里有一群在后院追着他满地跑的骷髅鬼，在梦里这些骷髅鬼想要用佩刀割掉他的手指和脚趾。洛根宁愿一整夜都不睡觉，也不想再梦到那些骷髅鬼。

每个上学的早上，洛根妈妈都会在早上7点把他叫醒，接着他都会对妈妈说："我能再睡一小会儿吗？"

"不行！"他妈妈会说，"如果你能够准时上床睡觉，早上你就不会如此疲倦，现在你只能去承受自己昨天晚睡的恶果，接受疲倦的一天。"

洛根确实承受了自己晚上没有睡觉的后果，但是第二天晚上他还是尽可能地推迟自己睡觉的时间。

Share 你会按时睡觉吗？每天晚上你睡几个小时？

你要做的

大部分孩子每天晚上都需要9~10个小时的睡眠时间，所以如果你早上6点就必须起床，那么晚上8~9点就需要上床睡觉。如果你的起床时间是早上7点，那你在晚上9~10点去睡觉也没关系。如果早上起床时，你觉得疲倦或者觉得起床特别困难，那你需要睡得更早一点。

许多孩子说他们晚上难以入眠，如果你也有这个烦恼，那么你可以做下面这些事情：

- ☑ 关于几点该上床睡觉这件事要听爸爸妈妈的话，足够的睡眠对你健康有益。
- ☑ 上床之前的1小时让自己放松，选择一些安静的活动，比如阅读或者听轻音乐，那些让你兴奋的活动还是算了吧，像玩视频游戏或竞技类棋牌游戏。
- ☑ 睡觉前至少2个小时内尽量不要吃东西，实在要进食，也不要选择含糖或咖啡因的食物。
- ☑ 尽量不要开着灯睡觉，灯光会让你的大脑感到困惑，认为这仍然是白天。
- ☑ 恪守一个入睡仪式，就是在每天上床之前尽量做一件同样的事情。

把你的入睡仪式写在下面。

For you

更多你要做的

如果很难放松，你尽量想象自己在一个安静的地方。从以下建议中选出一个你最喜欢的想象场景，在下面的空白处把这个场景画出来。尽可能丰富这幅画的细节，以后睡觉之前都把这幅画翻出来看一看。

想象你在一朵云上漂浮。

想象你正在寂静的树林里独自散步。

想象你正坐在沙滩旁聆听海浪的声音。

想象你正乘着船在一片清澈宁静的海面上航行。

Activity 27

活动27　你能限制自己看电视和玩电子游戏时间

· 你要知道 · 几乎所有孩子都喜欢看电视和玩电脑，有些时候看电视和玩电脑也没什么不妥，但整天都拿着电视遥控器或一直点鼠标和键盘肯定不好。在电视或电脑屏幕前待得太久会危害你的健康。

任何一款电子游戏几乎都可以让伊万满心欢喜，无论是赛车、实况足球还是格斗游戏，他都比他的朋友们技高一筹。当然，伊万背后也没少花功夫，每天他都会花数小时坐在电脑屏幕前，手捧着掌上游戏机或对着电脑玩游戏。

伊万的父母也注意到他玩游戏有点过火，但是每当他们想方设法地让伊万做点别的事情时，伊万的不依不饶让他的父母只得作罢。这时他爸爸会安慰妈妈说："我觉得玩玩游戏也不算太差，至少在游戏中，他可以学会与别人协作和快速思考，说不定伊万长大了会成为一名游戏设计师。"

对于爸爸的看法，伊万的妈妈一般不说什么，但她满脑子都装着伊万因为玩电脑而错过的事情——在树林散步、骑自行车兜圈、绘画和很多其他比玩电脑有益的事情。她祈祷自己可以让伊万在除了游戏以外的事情上找到兴趣，但她不知道这应该从何开始。

Share 你一般每天都花几个小时玩电脑或看电视？你觉得时间合理吗？

For you

你 要 做 的

你可能听说过花太多时间看电视或玩电脑会造成一些问题，但对此你应该思考得更多。给下面你认为对的句子打√。

在屏幕面前坐很长时间的孩子会：

- ☐ 更加容易烦躁。
- ☐ 更容易有肥胖问题。
- ☐ 更容易生气。
- ☐ 身材不会像他这个年纪应该的那么好。
- ☐ 看到了他们现在不应该看的很多暴力行为。
- ☐ 比其他孩子看到了更多的广告。

上述陈述中你选了哪几条？正确答案是全部你都应该打√，因为它们都是对的。花太多时间看电视或玩电脑就像早餐、午餐和晚餐都选择吃糖果一样，是不健康的，不是吗？

For you 更多你要做的

用下面这个表记录你1周内看电视和玩游戏所花费的时间。在每天睡前填写下表，你也许会对自己的表现感到惊讶。

项目	周一	周二	周三	周四	周五	周六	周日
看电视的时间							
玩游戏的时间							
总共花费的时间							

如果你一周坐在屏幕前超过15个小时，那么你需要减少看电视和玩游戏的时间。写下10件除了看电视和玩游戏之外你喜欢做的事情。

1. ……………………………………

2. ……………………………………

3. ……………………………………

4. ……………………………………

5. ……………………………………

6. ……………………………………

7. ……………………………………

8. ……………………………………

9. ……………………………………

10. ……………………………………

Activity 28

活动28　你能成为一个负责任的孩子

· 你要知道 · 学会承担责任是成长过程中的一个重要部分，你必须要学会对自己的东西负责，必须牢记自己的作业并保持作业整洁。你还必须为自己的宠物、周围环境、家务等事情承担责任。这是一件大事。当你变得越有责任时，你对自己的感觉也会越好。

沙拉放学回家的时间是下午4点，而她妈妈在下午6点半之前都不能到家，所以每天下午沙拉都有许多事情要做，其中包括照看她的弟弟鲍比。

“你为什么没有打扫客厅？”沙拉妈妈问，“满地都是书和玩具。”

“我有家庭作业要做，家庭作业不是更重要吗？”

“那好吧，家庭作业你做完了吗？”妈妈问。

“大多数都做完了。”沙拉回答，“今天作业有点难，苏珊娜刚好打电话给我，我不得不和她聊几句。”

“晚饭呢？”沙拉妈妈问，“你按照我说的开始准备晚饭了吗？”

“噢！”沙拉露出了一个愧疚的微笑，“我好像忘记要打开烤箱，但是这是因为鲍比把电视声音开得太大，让我头晕，我就把做晚饭的事忘了。”

这句话把妈妈激怒：“你还有没有其他借口为你本来应该做而没有做的事情辩解？”

“没有了。”沙拉说，她突然觉得弟弟把电视声音开得太大并不是一个好的借口。

Vision 你觉得沙拉妈妈对她的行为会怎么想？你觉得沙拉应该怎么做？

For you 你要做的

你有责任心吗？你的行为是观察你责任心的唯一办法。下面的测试包含了14件孩子应该承担责任的事情，看看一周每天你都做了几件事情，最后看看你能打多少分。

负责任的行为	周一	周二	周三	周四	周五	周六	周日	总分
没要求就自己做家务								
没要求就自己完成作业								
保持自己房间的整洁								
我进行了垃圾分类								
我关掉了电源								
我爱护自己的衣物								
我吃了有营养的三餐								
我照顾了我的宠物								
我遵守了学校的所有规则								
我一直说实话								
我玩游戏遵守规则								
我尊敬成年人								
我按时到校								
饭后我帮忙清洁								

For you

更多你要做的

想想你身边那些非常有责任心的人，把他们的名字写在下面；问问他们是怎么做到总是做正确的事的，把他们的回答写在下面。

姓名：……………………………………

他是怎么做到的：……………………………………

姓名：……………………………………

他是怎么做到的：……………………………………

姓名：……………………………………

他是怎么做到的：……………………………………

姓名：……………………………………

他是怎么做到的：……………………………………

Activity 29

活动29　你能成为别人眼中善良有用的人

· 你要知道 · 多动常常意味着你有一些不同于别人的行为问题，你可能在家不听父母的话，在学校不遵守规章制度，而且你可能总是陷入麻烦。但是每个人都会感激那些善良热心的孩子，当你变得友善且能够帮助别人的时候，大人们就会对你投来更多积极的眼光，他们对你身上的问题也会更有耐心。

几乎每个认识莉莉的人都说她是自己身边最好的女孩。她总是尽可能地帮助自己身边的人。在家她会主动收拾饭桌，在学校她会把教室里和操场上的垃圾捡起来，如果她看到朋友不开心，她总会主动问自己能否帮助到对方。

但梅根嫉妒莉莉有很多朋友，尤其是莉莉是凯特最好的朋友。梅根有时对凯特说："你不觉得莉莉只是在假装好人吗？她总是假装自己面面俱到，但我打赌她内心肯定不是这样的，她肯定做了很多不光彩的事情，比如在背后说别人坏话。"

"难道不就是和你现在做的一样？"凯特问梅根，梅根无言以对。

"我猜的。"梅根说。她不知道还能说什么。

"我希望有更多人能像莉莉一样。"凯特说。

"是啊。"梅根说。但听起来她好像并不是真的这样想的。

Share

你周围有没有像莉莉这样的人，总是表现得很友善并愿意帮助别人？在上述故事里，你和哪一个主人公最像？莉莉、凯特还是梅根？

For you 你要做的

做一个“好意侦探”，每天你都可以像莉莉一样，寻找合适的方式去帮助别人。下面4幅图分别展示了4个不同的场景：教室、便利店、操场和饭店。在每个情景中，画出你正在热心帮助别人的画面。

SALE
买一
送一
促销

For you

更多你要做的

如果你真的想成为一个友善热心的人，你可能需要写爱心日记——每天把你为别人做的好事都写下来，同时你还可以把别人对你回馈的善意写进去。

Activity 30

活动30　你会有一个更和谐的家庭

· 你要知道 · 同在一个屋檐下生活，家庭成员之间难免有些小矛盾，但几乎所有这些矛盾都是些可以解决的小事。定期举行家庭会议是让大家彼此把心里话说出来并提出新的解决方案的好时机。

在杰夫看来，他的家里充斥着各种争吵。杰夫妈妈会因为杰夫太吵或者把屋里弄得满地都是脏脚印而大吼大叫，她会大声训斥杰夫哥哥的顶嘴，有时候杰夫爸爸妈妈之间也会吵个没完。他妈妈会对爸爸说："为什么你总是迟到？你就不能准时一次吗？"他爸爸会回击道："有时我晚几分钟是多大的事？"

由于家里总是充满了火药味，杰夫的爸爸妈妈决定全家人去做一次关于家庭关系的心理咨询。咨询师对他们说："我能够看到你们彼此爱着对方，但你们必须学会更好的沟通方式，争吵会让你们所有人都压力十足，也会妨碍你们感受家庭的幸福。"咨询师建议他们举行有明确规定的家庭会议，下面是他为家庭会议给出的一些建议：

- 应该由爸爸或妈妈来主持家庭会议，每次最长不超过1.5小时。
- 每个人都应该对当天会议讨论的内容说点什么，让其他家庭成员知道自己的想法。
- 对于产生过的矛盾，每个人都可以发表看法，但不能争吵、责骂，也不能肆意打断对方讲话。
- 通过大家讨论，保证每一个问题都能找到两个可行的解决方案。
- 家庭会议不全是为了解决问题，家庭活动以及怎样规划大家共同的家庭假日时光都应该在会议上被讨论。
- 每次会议都以家庭成员对其他所有人分别说一句感激的话作为结束。

Share

以后，每个周五杰夫家都会按期举行家庭会议，你猜结果怎么样？你们家曾经举行过家庭会议吗？发生了些什么？

CONNECTION

For you 你要做的

如果你们家总是因为对某个家庭成员的行为有不同意见而发生争吵，你可以建议大家坐下来举行家庭会议。定期举行家庭会议，比如每周或每两周举行一次，往往会产生最好的效果。

写出5个你想在家庭会议上讨论的问题。

1 ……………………………………

2 ……………………………………

3 ……………………………………

4 ……………………………………

5 ……………………………………

写出5个除了家庭问题以外的你想在家庭会议上讨论的事情。

1 ……………………………………

❷ ……………………………………………………

❸ ……………………………………………………

❹ ……………………………………………………

❺ ……………………………………………………

For you 更多你要做的

把本节内容展示给你爸爸妈妈看，问问你们家是否可以定期举行一次家庭会议。即便你的家庭没有什么矛盾，家庭会议也能够让你们以积极的方式进行交流，让家庭成员之间的关系更加紧密。有明确规范的家庭会议常常能够发挥最大的作用，你可以把这部分复印或抄写下来，让你的父母在每次家庭会议开始前把它填好。

家庭会议 **开始时间：**…… **结束时间：**……

家庭会议主持人：……………………

家庭会议议程：

1. ……………………………………

2. ……………………………………

3. ……………………………………

本次会议的3个重要规则：

1. ……………………………………

2. ……………………………………

3. ……………………………………

本次会议做的决定：……………………………………

Activity 31

活动31　你能顺利度过用药期

· 你要知道 · 许多多动儿童都有药物治疗的经历，大部分人称药物非常管用，但是有部分孩子却存在一些药物不良反应，比如睡眠问题、食欲不振，甚至是胃疼和头疼。有些孩子没有上述不良反应，但他们仍然很在意服用药物这件事情，他们也许担心别的孩子会觉得他们另类，也有可能担心药物会影响大脑。如果服用药物让你感到不适或者引起你的担忧，记得一定要将自己的感受告诉父母。

医生想让纳特试试一种新型多动症药物，“这个药你可以每天服用1次，不需要每天3次。”医生对他说。

对于纳特来说，这简直太棒了，因为这让他不用每天都去一趟校园医务室，即便没有任何孩子关注他去医务室这件事，纳特仍然不想让别的孩子觉得自己是个异类。

但在服用新药物的接下来的几天中，纳特开始胃疼。一开始，纳特妈妈觉得可能只是普通的闹肚子，但是他妈妈突然想起医生提过这种药可能有胃疼的副作用。

纳特重新服用之前的药，他有点沮丧，因为他不得不再次每天去1次学校医务室，于是他问妈妈他可不可以停止服药。

“我理解你不想吃药，”他妈妈说，“但是这些药确实对你有用，你的成绩变好了，你跟你妹妹也可以愉快相处了，服用药物期间你似乎变得更加快乐，难道不是这样吗？”

“我觉得好像是这样的，”纳特说，“但我不希望一辈子都吃药。”

“我也不希望，”妈妈抱了一下纳特说，“我绝对不希望。”

Share 你有过像纳特这样的服药经历吗？如果你对服药很在意，你会把你的想法告诉谁？

For you 你要做的

没有人知道你的感受，除非你说出来。下面的表格列出了服用多动症药物可能带来的副作用，并且留出空格给你补充上面没提到的副作用。以你自己的经历给下面这些副作用评分（1~3分，1=从来没有，2=有时有，3=总是这样感觉），填完表之后给你父母看看。

症状	评分
胃疼或恶心	
觉得局促不安、紧张焦虑	
晚上睡不着觉	
嘴唇干燥	
排便困难（便秘）或者腹泻	
头疼或头晕	
全身过敏，长小红点	
心跳加速	

For you

更多你要做的

你有没有曾经因为服用多动症药物而担忧？任何你为此感到担心的事都可以写在下面的横线上，你的爸爸妈妈很想知道你的想法和感受，所以如果可以，请让他们看到你所写的内容。

Activity 32

活动32　如果你需要，你一定能得到帮助

· 你要知道 · 做孩子很好，但有时候也很烦。你有可能会和朋友产生矛盾、家庭作业遇到麻烦、与家里人闹不愉快甚至身体总是不好。但不管你遇到什么样的难题，把难题讲出来会对你有帮助。大多数孩子会把自己的生活烦恼告诉父母，也有部分孩子更愿意告诉心理咨询师、老师、叔叔阿姨或爷爷奶奶。

拉斐尔过得非常开心，他喜欢自己的朋友和家庭，还尤其喜欢踢足球。但是一天早上，他爸爸说他有话要对全家人讲，于是一家人在餐桌前围成了一圈。

“我们公司正在裁员，”拉斐尔的爸爸说，“我就是被裁掉的员工之一，找到新的工作可能会需要一些时间。”

拉斐尔完全不知道这意味着什么。“我们会变穷吗？”他问。

他爸爸笑了笑，说：“不，但我们将会迎来一些改变，至少在我找到工作之前甚至是之后一段时间内，我们必须削减开支，这意味着现在不会有家庭旅行，我们也不能再买那些我们并不是真正需要的物品。”拉斐尔爸爸深吸一口气，接着说：“我们可能还需要搬家，如果我不能在附近找到工作的话，我们可能不得不搬到别的地方，在新的地方可能会有更多适合我的工作机会。”

“搬家！”拉斐尔说，“但我爱这里，我的朋友怎么办？我参加的足球队怎么办？他们需要我！”拉斐尔突然变得非常激动和焦虑，他真的不想搬家。

“冷静点，”他父亲说，“我说搬家只是其中一种可能，我只是想你对所有可能发生的事做好思想准备。”

“但我不喜欢这样的思想准备，”拉斐尔对爸爸说，“因为我不想搬家。”紧接着，几滴眼泪从他脸颊上流了下来。

Share 你有没有遇到过什么让你闷闷不乐的家庭重大决定？如果你对此非常不满，你会对谁倾诉你的烦恼？

你要做的

当你遇到一个自己无法解决的难题的时候，最好的办法就是跟某个人聊聊并寻求帮助。寻求帮助并不意味着你肯定会得到你想要的帮助，有时候你的倾诉对象给你提供的建议你会很难做到或者你一点也不喜欢他的建议。没关系，你可以想一想别人给你的建议，可以尝试其中一部分。当然，你也可以找其他人帮忙。

这里有几个遇到麻烦的孩子，把你给他们的建议写下来。

特里的妈妈生病住院了，特里非常着急，他担心妈妈身体不会好转，甚至也许因此远离人世。

你的建议：

布拉德利的单车被偷了，他爸爸曾提醒过他记得锁好自己的单车，但是他忘了，并直接把单车放在了前院里。

你的建议：

维多利亚看不清黑板上的字，她不想佩戴眼镜，所以她不告诉任何人。于是她只能眯着眼看老师在黑板上写的字，但有时候这样也看不清楚。

你的建议：…………………………………………

…………………………………………………………

更多你要做的

写出4个你可以向对方寻求帮助的人的名字，在这些人名后面，写出为什么你会想要得到这个人建议或帮助的原因。

………………　？………………………………

………………　？………………………………

………………　？………………………………

………………　？………………………………

Activity 33

活动33　你做得非常棒！

·你要知道· 如果到目前为止，你已经完成这本书中的每一个活动（或者大部分活动），你对多动问题已经有了深入的了解。恭喜你！学习了解自己和学习阅读或科学知识可不一样，了解自己不仅仅来源于书本，更多地来源于与别人的交流和真实的生活经验。多动儿童常常知道怎样与别的多动儿童进行交流，如果你与别的多动儿童，甚至是多动青少年或成年人进行交流，你将会更加全面地了解自己。

比亚、史蒂夫、凯尔、莉娜和萨姆都是校园心理咨询师李德先生创办的特别俱乐部的成员，这个俱乐部的名字叫能量儿童中心，其中心任务就是帮助大家了解多动症。每周，李德先生都会和俱乐部成员就一个新的话题进行座谈会。有一周他们聊到了交朋友的方法，有一周他们聊到了家庭作业，还有一周他们谈到了那些患有多动症的成功人士。

俱乐部里的孩子们被要求去了解自己的个人能量，李德先生说：“多动只是你身体的一部分。你可能高可能矮，可能戴眼镜可能有雀斑。你可能擅长数学或自然科学，你可能擅长乒乓球或电子游戏，这些你擅长的事物都是你的资产，是它们让你区别于别人，当你集中你所有财富的时候，你便得到了你的个人能量。”

每过一周，能量儿童中心的成员都会变得更加自信一点儿。比亚在加入俱乐部之前经常被别人欺负，但是现在好像没有人再捉弄她了；萨姆阅读有点障碍，尽管他还没有完全克服阅读的困难，但他深信在老师、父母和心理咨询师的帮助下，他能够学会更好地阅读；老师过去常常管凯尔叫“野孩子”，但是凯尔加入俱乐部之后，就再也没有人叫凯尔“野孩子”了。老师对凯尔说：“你已经学会冷静和集中注意力，你还认识到自己是一个非常棒的孩子，我为你感到骄傲。”

Idea 你认识别的有多动问题的孩子吗？如果你想成立一个多动儿童俱乐部，有没有什么可以帮助你的人？

For you 你要做的

要做一个有能量的孩子，你只需要清楚自己所蕴藏的个人能量。写下10个你认为自己很棒的地方。

更多你要做的

在下面的荣誉证书上写上你的名字和你完成本书活动的具体日期，并写出3个你最自信的品质。你还可以在证书上贴一张你自己正在做最喜欢的事情时的照片。证书制作完成后，请你的父母或其他你尊敬的成年人给你颁奖！

荣誉证书

我，……………………（你的名字）对我的多动问题有了很多了解，现在我知道自己的能量了，它们是：

1. ……………………
2. ……………………
3. ……………………

粘贴你的照片

签字

你的名字……………………

日期……………………

见证人……………………
（父母或其他成年人）

附录　多动问题核查表（活动13）

- ☐ 我对自己应该做的事理解有问题。
- ☐ 我不能按时完成老师布置的任务。
- ☐ 我很容易感到不耐烦，尤其是当我做__________（填空）的时候。
- ☐ 我犯了一大堆错，我不喜欢重复做同样的事情。
- ☐ 我很难按规定完成相应的测试。
- ☐ 我总是记不住下面将要做什么。
- ☐ 我总是弄不明白老师到底想要我做什么。
- ☐ 我对书面要求理解有困难。
- ☐ 老师说我的作业一塌糊涂。
- ☐ 我想要找东西时，总是找不到。
- ☐ 老师说我的字迹太潦草。
- ☐ 老师说我上课讲话太多。
- ☐ 让我安静地坐一段时间是件困难的事情。
- ☐ 和别的孩子合作对我来说是件困难的事情。
- ☐ 我和老师难以和谐相处，还包括与__________（填空）的相处。
- ☐ 我总是丢三落四。
- ☐ 当我在教室以外的校园区域活动时，我常常遇到麻烦。
- ☐ 我不喜欢课间休息，因为______________________（填空）。

上学准备核查表

活动 14

第____天　　　　日期________

睡觉之前需要做好的事情	预备开始的时间	做完的时间
把要带到学校的作业、课本和文具装到书包里		
把明天要穿的衣服准备好		
如果你需要带午饭，请告诉父母你想吃什么		
调好闹钟		

起床之后需要做的事情	预备开始的时间	做完的时间
洗漱		
穿衣		
吃早饭		
准备好午饭或购买午饭的钱		

上学准备核查表

活动 14

第____天　　　日期________

睡觉之前需要做好的事情	预备开始的时间	做完的时间
把要带到学校的作业、课本和文具装到书包里		
把明天要穿的衣服准备好		
如果你需要带午饭，请告诉父母你想吃什么		
调好闹钟		

起床之后需要做的事情	预备开始的时间	做完的时间
洗漱		
穿衣		
吃早饭		
准备好午饭或购买午饭的钱		

上学准备核查表

活动14

第____天　　　　日期________

睡觉之前需要做好的事情	预备开始的时间	做完的时间
把要带到学校的作业、课本和文具装到书包里		
把明天要穿的衣服准备好		
如果你需要带午饭，请告诉父母你想吃什么		
调好闹钟		

起床之后需要做的事情	预备开始的时间	做完的时间
洗漱		
穿衣		
吃早饭		
准备好午饭或购买午饭的钱		

上学准备核查表

活动14

第____天　　　　日期________

睡觉之前需要做好的事情	预备开始的时间	做完的时间
把要带到学校的作业、课本和文具装到书包里		
把明天要穿的衣服准备好		
如果你需要带午饭，请告诉父母你想吃什么		
调好闹钟		

起床之后需要做的事情	预备开始的时间	做完的时间
洗漱		
穿衣		
吃早饭		
准备好午饭或购买午饭的钱		

上学准备核查表

活动14

第____天　　　　日期________

睡觉之前需要做好的事情	预备开始的时间	做完的时间
把要带到学校的作业、课本和文具装到书包里		
把明天要穿的衣服准备好		
如果你需要带午饭，请告诉父母你想吃什么		
调好闹钟		

起床之后需要做的事情	预备开始的时间	做完的时间
洗漱		
穿衣		
吃早饭		
准备好午饭或购买午饭的钱		

上学准备核查表

活动 14

第____天　　　　日期________

睡觉之前需要做好的事情	预备开始的时间	做完的时间
把要带到学校的作业、课本和文具装到书包里		
把明天要穿的衣服准备好		
如果你需要带午饭，请告诉父母你想吃什么		
调好闹钟		

起床之后需要做的事情	预备开始的时间	做完的时间
洗漱		
穿衣		
吃早饭		
准备好午饭或购买午饭的钱		

上学准备核查表

活动 14

第____天　　　　日期________

睡觉之前需要做好的事情	预备开始的时间	做完的时间
把要带到学校的作业、课本和文具装到书包里		
把明天要穿的衣服准备好		
如果你需要带午饭，请告诉父母你想吃什么		
调好闹钟		

起床之后需要做的事情	预备开始的时间	做完的时间
洗漱		
穿衣		
吃早饭		
准备好午饭或购买午饭的钱		

上学准备核查表

活动 14

第____天　　　　日期________

睡觉之前需要做好的事情	预备开始的时间	做完的时间
把要带到学校的作业、课本和文具装到书包里		
把明天要穿的衣服准备好		
如果你需要带午饭，请告诉父母你想吃什么		
调好闹钟		

起床之后需要做的事情	预备开始的时间	做完的时间
洗漱		
穿衣		
吃早饭		
准备好午饭或购买午饭的钱		

上学准备核查表

活动 14

第____天　　日期________

睡觉之前需要做好的事情	预备开始的时间	做完的时间
把要带到学校的作业、课本和文具装到书包里		
把明天要穿的衣服准备好		
如果你需要带午饭，请告诉父母你想吃什么		
调好闹钟		

起床之后需要做的事情	预备开始的时间	做完的时间
洗漱		
穿衣		
吃早饭		
准备好午饭或购买午饭的钱		

上学准备核查表

活动14

第____天　　　日期________

睡觉之前需要做好的事情	预备开始的时间	做完的时间
把要带到学校的作业、课本和文具装到书包里		
把明天要穿的衣服准备好		
如果你需要带午饭，请告诉父母你想吃什么		
调好闹钟		

起床之后需要做的事情	预备开始的时间	做完的时间
洗漱		
穿衣		
吃早饭		
准备好午饭或购买午饭的钱		

上学准备核查表

活动 14

第____天　　　　日期________

睡觉之前需要做好的事情	预备开始的时间	做完的时间
把要带到学校的作业、课本和文具装到书包里		
把明天要穿的衣服准备好		
如果你需要带午饭，请告诉父母你想吃什么		
调好闹钟		

起床之后需要做的事情	预备开始的时间	做完的时间
洗漱		
穿衣		
吃早饭		
准备好午饭或购买午饭的钱		

上学准备核查表

活动 14

第____天　　　　日期________

睡觉之前需要做好的事情	预备开始的时间	做完的时间
把要带到学校的作业、课本和文具装到书包里		
把明天要穿的衣服准备好		
如果你需要带午饭，请告诉父母你想吃什么		
调好闹钟		

起床之后需要做的事情	预备开始的时间	做完的时间
洗漱		
穿衣		
吃早饭		
准备好午饭或购买午饭的钱		

上学准备核查表

活动14

第____天　　　　日期________

睡觉之前需要做好的事情	预备开始的时间	做完的时间
把要带到学校的作业、课本和文具装到书包里		
把明天要穿的衣服准备好		
如果你需要带午饭，请告诉父母你想吃什么		
调好闹钟		

起床之后需要做的事情	预备开始的时间	做完的时间
洗漱		
穿衣		
吃早饭		
准备好午饭或购买午饭的钱		

上学准备核查表

活动14

第____天　　　　日期________

睡觉之前需要做好的事情	预备开始的时间	做完的时间
把要带到学校的作业、课本和文具装到书包里		
把明天要穿的衣服准备好		
如果你需要带午饭，请告诉父母你想吃什么		
调好闹钟		

起床之后需要做的事情	预备开始的时间	做完的时间
洗漱		
穿衣		
吃早饭		
准备好午饭或购买午饭的钱		

上学准备核查表

活动14

第____天　　　日期________

睡觉之前需要做好的事情	预备开始的时间	做完的时间
把要带到学校的作业、课本和文具装到书包里		
把明天要穿的衣服准备好		
如果你需要带午饭，请告诉父母你想吃什么		
调好闹钟		

起床之后需要做的事情	预备开始的时间	做完的时间
洗漱		
穿衣		
吃早饭		
准备好午饭或购买午饭的钱		

作业完成规划表

活动16

上学日作业完成规划表

开始做家庭作业的时间：

完成家庭作业大约会花费你多长时间：

- 作业1　需要花费的时间：
- 作业2　需要花费的时间：
- 作业3　需要花费的时间：
- 作业4　需要花费的时间：

当你需要歇一会儿时，你会做什么：

作业完成后，谁会检查你的作业：

你期望什么时候完成你的家庭作业：

完成作业后，你会用什么奖励一下自己：

周末作业完成规划表

开始做家庭作业的时间：

完成家庭作业会花费你多长时间：

- 作业1　需要花费的时间：

作业2　需要花费的时间：……………………

作业3　需要花费的时间：……………………

作业4　需要花费的时间：……………………

当你需要歇一会儿时，你会做什么：……………………

作业完成后，谁会检查你的作业：……………………

你期望什么时候完成你的家庭作业：……………………

完成作业后，你会用什么奖励一下自己：……………………

假期作业完成规划表

开始做家庭作业的时间：……………………

完成家庭作业会花费你多长时间：……………………

作业1　需要花费的时间：……………………

作业2　需要花费的时间：……………………

作业3　需要花费的时间：……………………

作业4　需要花费的时间：……………………

当你需要歇一会儿时，你会做什么：……………………

作业完成后，谁会检查你的作业：……………………

你期望什么时候完成你的家庭作业：……………………

完成作业后，你会用什么奖励一下自己：……………………

每日任务清单

活动18

第____天　　　　日期________

今天要做的事	做完了吗？

每日任务清单

活动18

第＿＿天　　　　日期＿＿＿＿

今天要做的事	做完了吗?

每日任务清单

活动 18

第____天　　日期________

今天要做的事	做完了吗?

每日任务清单

活动18

第____天　　　　日期________

今天要做的事	做完了吗?

每日任务清单

活动 18

第____天　　　日期________

今天要做的事	做完了吗？

每日任务清单

活动 18

第____天　　日期________

今天要做的事	做完了吗?

每日任务清单

活动18

第_____天　　　　日期_________

今天要做的事	做完了吗?

每日任务清单

活动18

第____天　　　　日期________

今天要做的事	做完了吗？

每日任务清单

活动 18

第____天　　日期________

今天要做的事	做完了吗？

休息书签

活动20